Organic
Chemistry

만화로 쉽게 배우는 유기화학

저자 / 하세가와 토시오

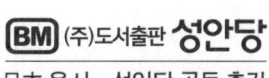

일본 옴사 · 성안당 공동 출간

만화로 쉽게 배우는 유기화학

Original Japanese edition
Manga de Wakaru Yuuki Kagaku
By Toshio Hasegawa and TREND-PRO
Copyright © 2014 by Toshio Hasegawa and TREND-PRO
Published by Ohmsha, Ltd.
This Korean Language edition co-published by Ohmsha, Ltd. and Sung An Dang, Inc.
Copyright © 2015~2024
All right reserved.

머리말

유기화학의 대상이 되는 유기 화합물은 주로 탄소, 수소, 산소, 질소 4가지 원소로 구성되어 있다. 비록 구성 원소의 종류는 많지 않지만, 각각 다른 성질을 갖는 원소들의 결합을 통해 셀 수 없을 만큼의 다양한 유기 화합물이 만들어지고 있다. 생물의 중요한 구성 물질이나 영양 물질, 우리가 섭취하는 약들은 유기 화합물이며, 다음과 같은 성질 때문에 유기화학은 기본이 되는 학문이라 할 수 있다.

생물은 탄소 원자를 비롯한 수소 원자, 산소 원자, 질소 원자 등 몇 안 되는 종류의 원자를 비롯하여 생명 활동에 필요한 다양한 유기 화합물을 만들어내고 있으며, 이 원자는 탄소 이외에도 100종 이상의 다양한 원자가 존재한다. 생물은 이렇게 많은 종류의 원자 중 탄소 원자를 선택했다. 그 이유는 무엇 때문일까? 그 해답은 유기화학을 통해 찾을 수 있다.

먼저 유기화학을 배우기에 앞서 원자와 분자에 대한 기본적인 이해가 필요하다. 유기 화합물은 어떤 원자가 어떻게 결합하여 만들어지게 되는지에 대한 원리를 이해함으로써 유기 분자의 용해성, 비등점의 차이와 같은 성질의 차이를 알 수 있다. 더욱이 분자를 어떠한 조건으로 반응시키느냐에 따라 원하는 분자를 만들 수도 있다. 즉, 원자와 분자의 성질을 통해서 알 수 있듯이 유기화학은 외우고 암기하는 학문은 아니다.

이 책은 고등학교 수준의 화학 지식을 상정하고 있으며, 책을 읽어내려 가면서 지식뿐 아니라 새로운 유기화학의 세계를 접할 수 있도록 하였다. 이 책 만화 부분에 등장하는 주인공은 대학생 수준을 대상으로 하는 강의 형식으로, 유기화학을 이해하기 위한 기본적인 사고를 잘 정리하여 설명하고 있다. 탄소 원자에서 유기분자가 어떻게 만들어지는지 또는 유기분자에는 어떤 성질, 예를 들면 물에 녹기 쉽다, 기름에 잘 녹는다와 같은 성질이 나타나는 이유는 무엇인지에 대한 기본적인 생각을 할 수 있도록 하는 데 중점을 두고 설명했다. 그래서 기초유기화학에서 통상적으로 다루는 유기화학 반응에 대해서는 취급하지 않았다. 유기화학의 확실한 이해를 위해서는 관련된 많은 양의 지식은 물론 유기화학의 기본 원리에 대한 제대로 된 이해가 필요하다.

칼럼에서는 나의 전문 분야인 향료화학의 관점에서 유기화학을 파악하는 방법에 관해서도 설명하고 있다. 이 책을 완독한 여러분들에게 새로운 유기화학의 세계가 펼쳐져 있기를 바란다.

마지막으로 이 책을 집필할 수 있도록 도와주신 옴사 개발부 여러분에게 감사의 말씀을 전하고 싶다. 더불어서 제 원고를 만화로 실감나게 제작해주신 트렌드 프로 여러분과 그림을 담당해주신 마키노 히로유키 씨, 시나리오를 담당해주신 아오키 다케오 씨, 오오다케 야스시 씨에게도 감사의 말씀을 드린다.

또 원고를 검토해주신 사이타마대학원의 이이사 아키히코 교수님께도 이 지면을 통해 감사의 말씀을 드린다.

하세가와 토시오(長谷川 登志夫)

차례

| 프롤로그 | 다른 별에서 온 전도사 | 1 |

제1장 화학의 기초 ... 11

1.1 화학이란? ... 12
1.2 유기화합물의 분자 골격은 탄소 원자이다 ... 16
1.3 원자의 구조와 화학 결합(원자의 구조) ... 21
Follow-up
- 원자의 구조 ... 32
- 궤도와 전자 배치 ... 34
- SP^3 혼성궤도와 단일 결합 ... 38
- 칼럼 요리는 유기화학의 실험 ... 40

제2장 유기화학의 기초 ... 41

2.1 유기화합물 성질의 근원(작용기) ... 42
2.2 유기화합물의 이름 짓는 방법 ... 48
Follow-up
- 이중결합과 삼중결합 ... 57
- 공명과 공액(Conjugation) ... 59
- 칼럼 눈에 보이는 거대 분자 ... 61

제3장 유기화합물의 구조 ... 63

3.1 이성질체란 무엇인가? ... 64
3.2 분자의 이차원 구조와 성질(입체 배치) ... 72
3.3 분자의 삼차원 구조, 분자 거울의 세계(거울상 이성질체) ... 76
Follow-up
- 분자식, 구조식을 보는 방법과 기록하는 방법 ... 85
- E, Z 명명법 ... 86
- 입체 이성질체의 다양한 표시 방법 ... 88
- R, S 명명법 ... 89
- 입체 배좌 ... 90
- 칼럼 입체 구조의 변화로 물질의 냄새가 바뀐다 ... 94

제4장　유기화합물의 성질　95

- 4.1 물에 녹는것과 기름에 녹는 것(친수성·친유성) ······ 96
- 4.2 비등점의 차이가 생기는 원인(분자 간의 상호작용·분극한 결합) ······ 105
- 4.3 산과 염기 ······ 117
- 4.4 정육각형의 구조를 갖는 벤젠이라는 방향족 화합물 ······ 119
- Follow-up
  - ● 산과 염기 ······ 122
  - ● 벤젠의 구조 ······ 128
  - ● 케톤에놀 호변이성(토토머화)이란? ······ 129
  - 칼럼 향기 물질은 지용성 ······ 131

제5장　유기화합물의 반응　133

- 5.1 유기화합물은 다양한 반응에 의해 다른 분자로 변화한다 ······ 134
- 5.2 탄화수소 반응 ······ 141
- 5.3 알콜 반응 ······ 152
- Follow-up
  - ● 에스테르화 반응 ······ 157
  - ● 이중결합에 대한 부가 반응 ······ 160
  - ● 할로겐화탄화수소의 친핵성 치환 반응 ······ 162
  - ● 할로겐화탄화수소의 제거 반응 ······ 166
  - ● 벤젠의 반응(방향족구 친전자 치환 반응) ······ 170
  - 칼럼 물질의 성질을 조정하는 힘; 유기화학 반응 ······ 175

부록 생체를 구성하고 있는 유기화합물　183

- 생체를 구성하는 주된 유기화합물의 개관 ······ 184
- 단백질 ······ 185
- 지질 ······ 190
- 당질 ······ 192
- 합성 고분자 화합물(폴리머) ······ 195

참고문헌 ······ 197
찾아보기 ······ 198

프롤로그

다른 별에서 온 전도사

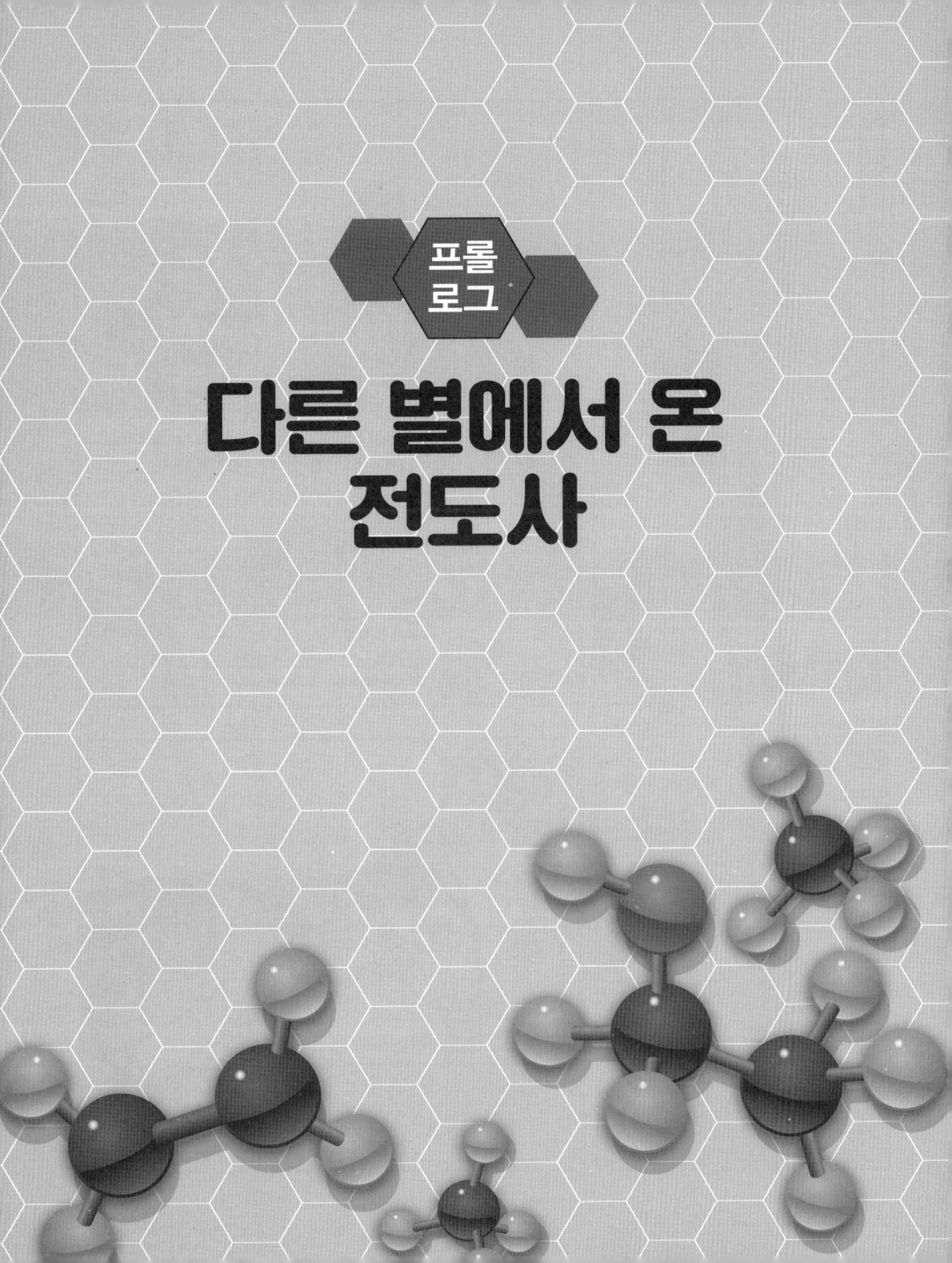

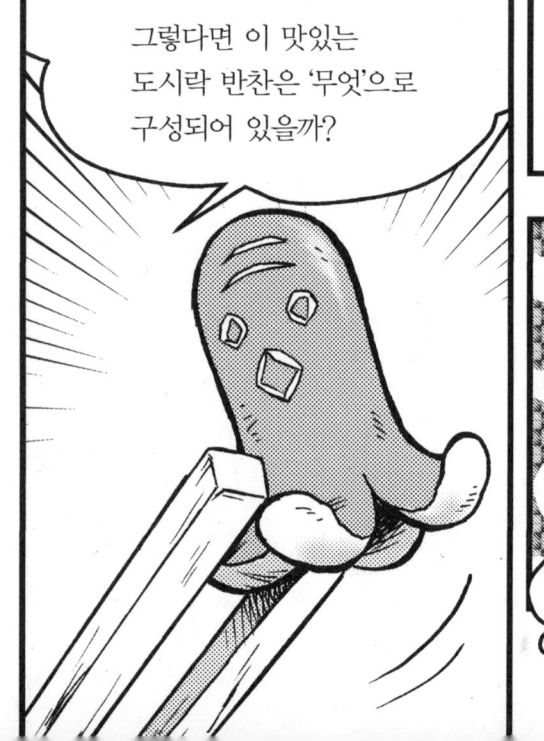

우리가 흔히 볼 수 있는 가솔린!
석유! 고무! 플라스틱! 나무!

또, 우유! 고기! 야채와 같은 먹고 마시는 모든 것들!!

그리고 동물이나 인간을 포함한 이 모든 것들이 바로 유기화합물이란다!!

또, 약품이나 조미료, 화학섬유도 마찬가지야.

인류는 새로운 유기화합물을 만들어내어 편리하고 풍족한 삶을 손에 넣을 수 있었단다.

정말이요~?!

프롤로그 / 다른 별에서 온 전도사

제 1 장
화학의 기초

1.1 화학이란?

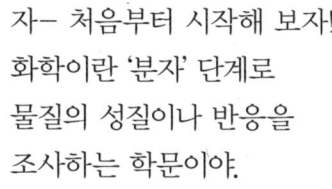

자- 처음부터 시작해 보자! 화학이란 '분자' 단계로 물질의 성질이나 반응을 조사하는 학문이야.

같은 이과에서도 학문에 따라 조사하는 범위가 달라지지.

생물 : 세포
화학 : 분자
물리 : 원자

조사하는 범위
대
소

그 화학 중에도 종류가 다양해서 연구하는 방법에 따라 구분되거나

물리화학	물리의 힘으로 화학을 이해한다.
분석화학	물질을 화학의 힘으로 어떻게 분석할 것인가를 이해한다.
생화학	생물을 화학의 힘으로 이해한다.

다루는 물질의 차이로 분류하기도 해!

| 유기화학 | 대상이 되는 물질이 유기화합물인 화학 |
| 무기화학 | 대상이 되는 물질이 무기화합물인 화학 |

그래서 '유기화합물'을 대상으로 하는 화학이 바로 '유기화학'이야!!

제1장 화학의 기초

1.2 유기화합물의 분자 골격은 탄소 원자이다

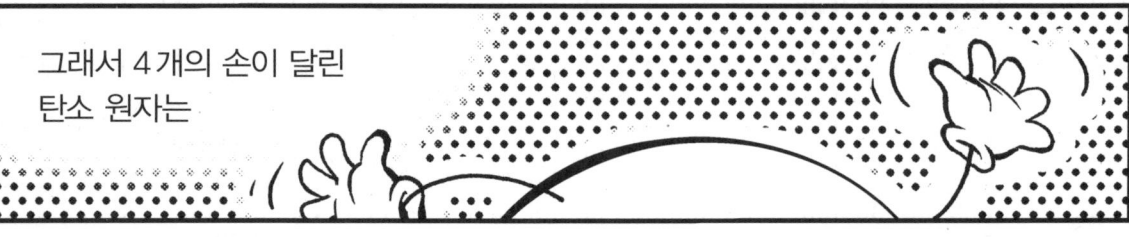

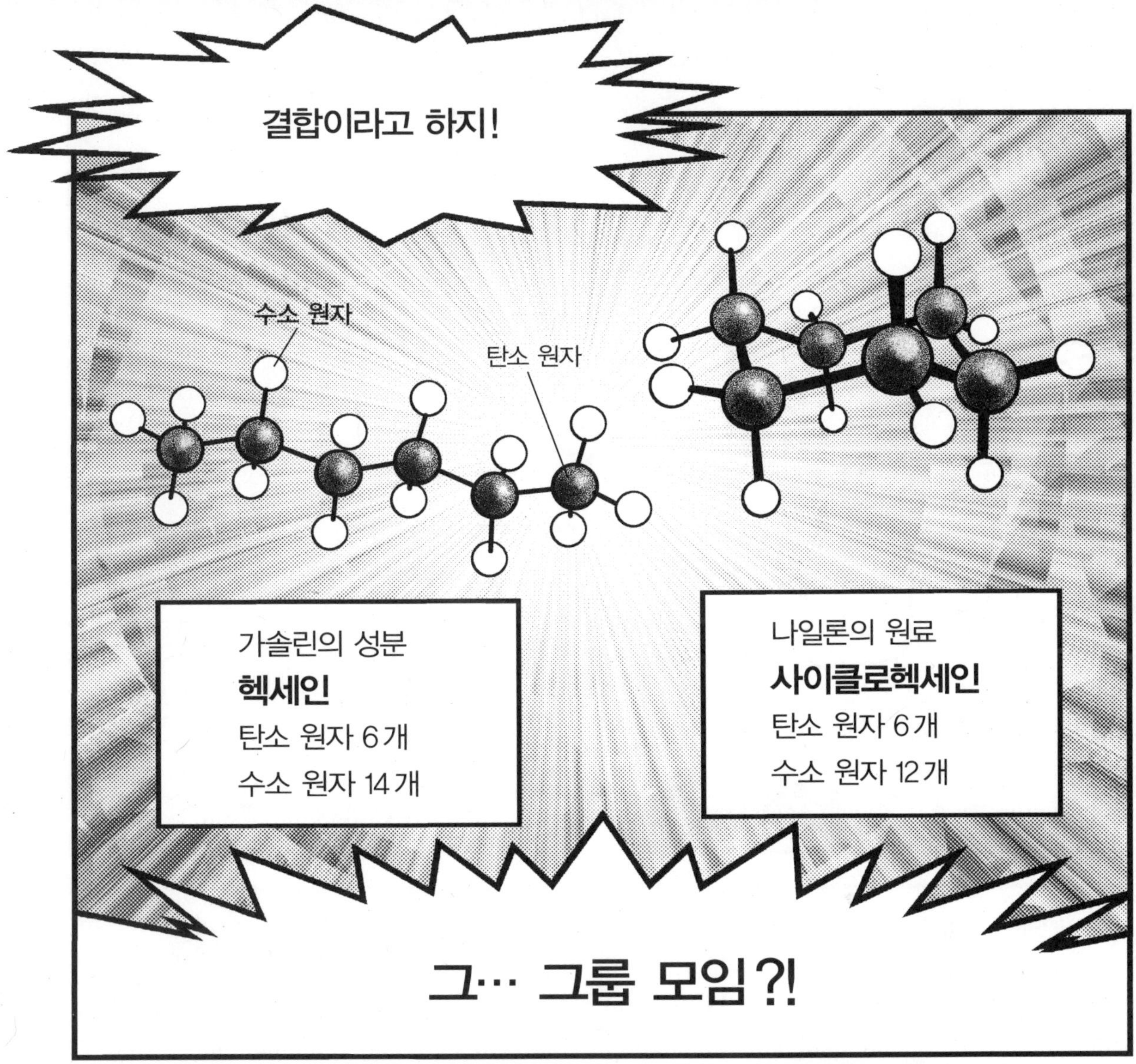

결합이라고 하지!

수소 원자

탄소 원자

가솔린의 성분
헥세인
탄소 원자 6개
수소 원자 14개

나일론의 원료
사이클로헥세인
탄소 원자 6개
수소 원자 12개

그… 그룹 모임?!

왜 탄소밖에 없는 거야!!

크아앙~!!

후후후… 그런데 말이지 탄소 원자는 수소 원자만 결합하는 게 아니란다.

점점 더 재미있어 한다.

제1장 화학의 기초 19

1.3 원자의 구조와 화학결합(원자의 구조)

그리고 이것이 원자의 확대도야!

원자의 중심에 있는 '원자핵'은 +(플러스) 전하를 연결하는 양성자와 전하를 갖지 않는 중성자로 되어 있어.

중성자 / 양성자 / 전자 / 원자핵 / 원자

그리고 원자핵의 주위에는 −(마이너스)의 전하를 가진 전자가 존재한다. 그 모습이 구름처럼 보여서 '전자구름' 이라고 해.

전자구름 / 원자핵 / 전자

그래서 원자는 전기적으로 중성을 띠고 있단다.

그리고 이 주변에 균형이 무너지면 원자는 +나 −의 전하를 갖는 '이온'이 되고.

지이이이잉! / 원자

사실 전자가 유기화합물의 결합에 있어 중요한 요인이 돼!

제1장 화학의 기초

주기율표 맨 왼쪽에 헬륨(He), 네온(Ne), 아르곤(Ar) 같은 거야.

18
₂He 헬륨
₁₀Ne 네온
₁₈Ar 아르곤
₃₆Kr

주기율표에서 세로로 늘어선 원소는 비슷한 성질을 갖고 있단다.

그리고 원자 번호는 원자가 갖는 양성자의 수와 일치하지.

₂₄Cr ₄₈Cd ₁₅P ₅₂Te

즉, 'C'의 탄소 원자는 원자 번호 = 양성자의 수 '6'

₆C

우-와

※ M껍질에는 s궤도, p궤도에 더해 5개의 d궤도가 있으며, 이 궤도에는 10개의 전자가 들어갈 수 있기 때문에 18가가 된다. 그러나 일반적인 유기화합물에서 d궤도는 결합과 관련이 없다.

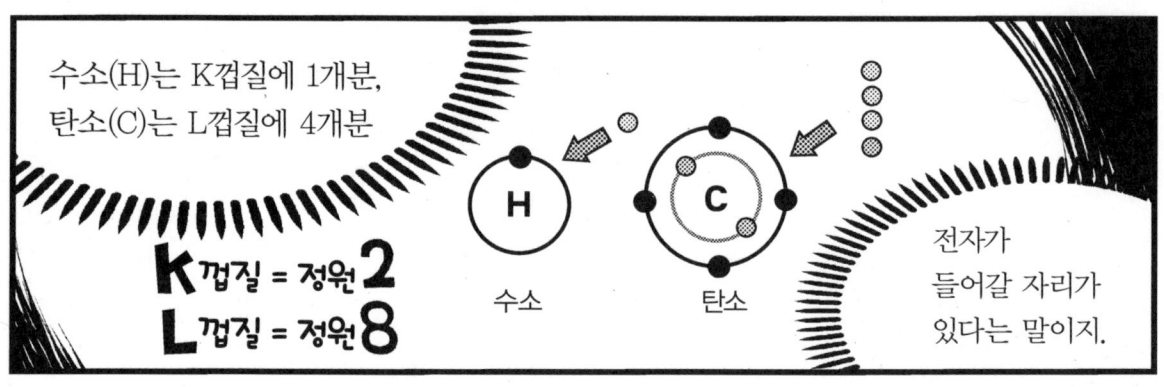

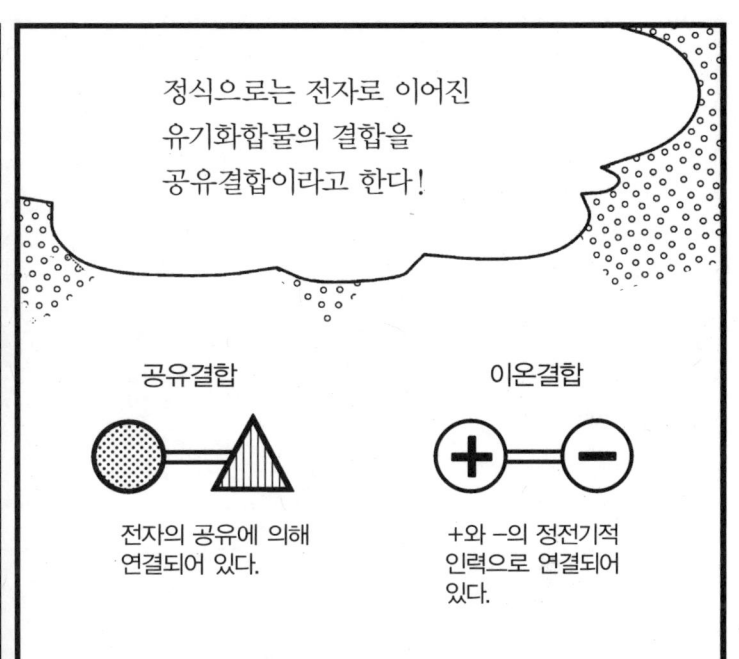

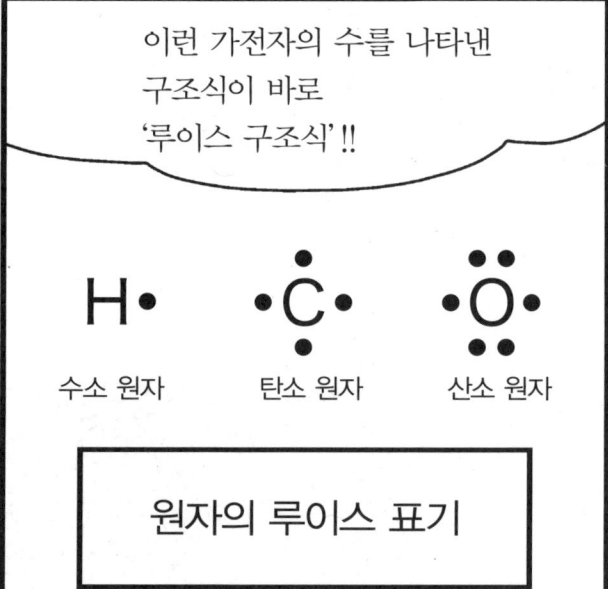

※ 제4장, 5장에서 상세하게 해설함.

Follow-up

⬣ 원자의 구조

 원자의 구조는 수소 원자 외에는 +전하를 띠는 양성자와 전하를 갖지 않은 중성자로 구성되어 있다. 이것을 원자핵이라고 하며, 기본적으로 +전하를 둘러싼 원자핵과 그 주변에 존재하고 있는 -전하를 띤 전자로 되어 있다. 헬륨 원자(He)를 예로 원자핵을 설명하면 양성자 2개와 중성자 2개로 이루어져 있다.

 보통 원자핵에 있는 +전하와 전자의 -전하의 크기가 같고 원자로서는 전기적인 중성으로 되어 있다. 그러나 이 균형이 무너지면 +전하를 갖거나 -의 전하를 갖는데 이것을 이온이라고 한다.

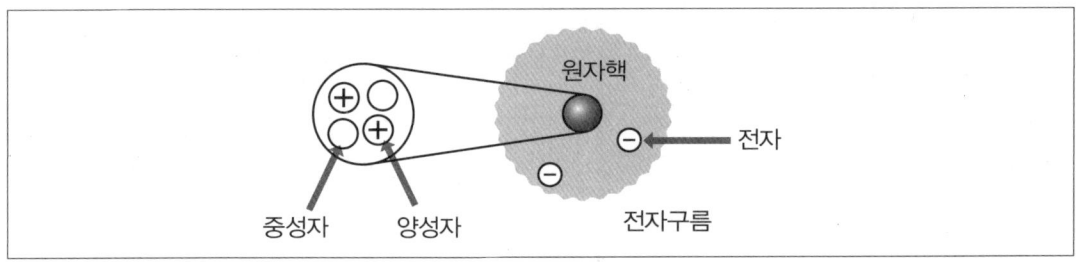

[그림 1.1] 원자의 구조(헬륨 원자의 경우)

 한편, [그림 1.2]와 같은 원자핵으로부터 일정 거리에서 전자를 둘러싸고 있는 구조를 볼 수 있다. 흔히 보어 모형이라고 불리는 것이다.

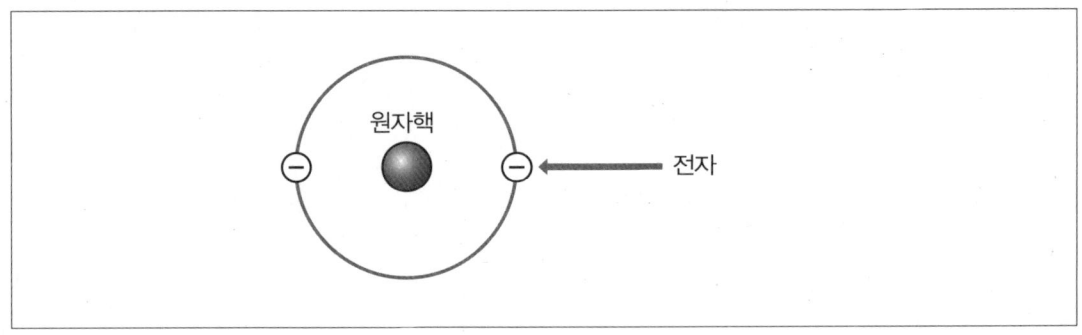

[그림 1.2] 보어 모형

그러나 사실 이것은 잘못된 것이다. 전자는 마치 태양과 혹성의 관계처럼 원자핵의 주위를 회전하는 것이 아니며, [그림 1.1]에 나타낸 것과 같이 원자로부터의 거리가 먼 곳에 존재하고 있는데 이것을 '전자의 존재 확률이 높다.'라고 표현하며, 전자구름이라고 부르고 있다. 어느 거리라고 하는 것은 어느 일정한 에너지를 가진 상태에 있다는 것을 의미한다. 주기율표라고 하는 것이 있는데 이것은 원소의 성질이 있는 주기로 변화하고 있다는 것을 가리킨다. 멘델레예프라는 러시아의 연구자가 1869년에 발견한 것이다. 유기화합물 분자를 이해하는데 필요한 부분만(제3주기까지)을 [표 1.1]에 나타낸다.

[표 1.1] 원소 주기율표의 제3주기까지 원자의 양성자와 전자의 수

원소 기호	원소명	양성자 수	전자 수
H	수소	1	1
He	헬륨	2	2
Li	리튬	3	3
Be	베릴륨	4	4
B	붕소	5	5
C	탄소	6	6
N	질소	7	7
O	산소	8	8
F	플루오린	9	9
Ne	네온	10	10
Na	나트륨	11	11
Mg	마그네슘	12	12
Al	알루미늄	13	13
Si	규소	14	14
P	인	15	15
S	유황	16	16
Cl	염소	17	17
Ar	아르곤	18	18

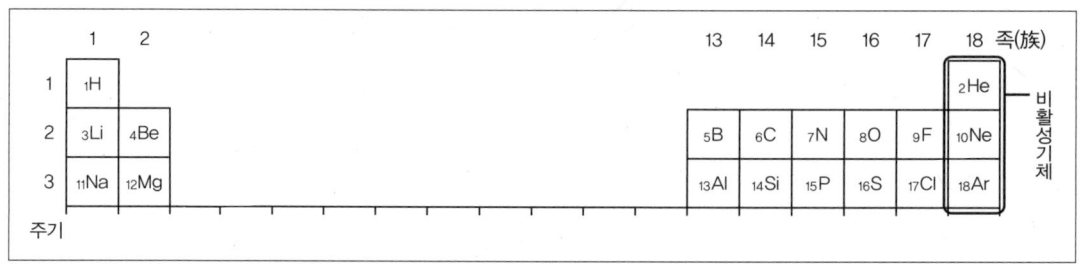

[그림 1.3] 원소의 주기율표(제1주기에서 제3주기까지)

　주기율표가 개별 원자의 구조와 어떻게 연결되었는지를 알면 화학 결합을 이해할 수 있다. 그 다음으로 가장 중요한 원소가 바로 [표 1.1]의 회색 부분, [그림 1.3] 중 가장 오른쪽에 있는 열의 헬륨(He), 네온(Ne), 아르곤(Ar) 원소이다. 흔히 비활성기체라고 하는 것이며 다른 원자와 결합할 일이 없다. 즉, 분자를 만들지 않는다.※ 그 요인은 원자가 포함되어 있는 전자의 수에 있다.

　유기 분자의 구조나 화학 반응에서는 전자의 수가 중요시되는데 그 이유는 바로 원자와 원자가 연결되어 있는 것이 전자이기 때문이다. [표 1.1]을 보면 회색 부분의 불활성가스의 원자가 가진 전자의 수(전자 배치)는 2, 10, 18과 8개씩 증가해 있으며 이 8이라는 숫자가 열쇠가 된다. 다음으로 원자의 구성 요소의 전자에 대해 생각해 그 숫자의 의미를 설명하겠다.

※ 엄밀히 말하면 다르지만 여기서는 이렇게 이해하는 것이 유기화합물의 분자의 이해에 있어 알기 쉬우므로 이렇게 기재한다.

◆ 궤도와 전자 배치

　각 원자 구조에서의 설명과 같이 전자는 원자핵에서 나오는 일정한 에너지를 갖는 공간에 존재하고 있다. 존재해 있는 이 공간을 바로 궤도(오비탈이라고도 한다)라고 한다. 궤도라는 이름 그대로 원자핵의 주위에는 일정한 궤도로 전자가 돌고 있는 것과 같이 [그림 1.2]를 떠올리기 쉬운데 그것이 아니라는 점에 주의하기 바란다. 한편 [그림 1.1]에 있는 원자의 전자 수가 증가한 것은 어떤 이유에서일까?

　흔히 원자의 전자 수를 증가시키기 위해서는 전자가 들어가기 위한 궤도(오비탈)가 필요하다는 것을 쉽게 생각할 수 있다. 그 궤도는 아래와 같은 두 가지 요소로 상정되어 있는데, 먼저 전자가 들어갈 수 있는 원자의 궤도의 에너지는 연속적이 아닌 일정한 에너지 몇 개가 불연속적으로 배열된 것이다. 건물의 1층, 2층, 3층처럼 가장 낮은 에너지의 형태에서 K껍질, L껍질, M껍질이라고 불린다.

　단, 건물의 1층에서 2층의 계단으로 오르지 않고 단숨에 날아가는 듯한 이미지이다. 1층과 2층의 사이에는 계단과 같이 연속적으로 연결되어 있지 않다. 또 에너지를 제외한 다른 오비탈에는 또 다른 하나의 중요한 요소가 있다. 그것은 오비탈(궤도)의 형태 즉, 전자가 존재하고 있는 영역의 형태이다. 이 형태는 2종류가 있는데 하나는 s궤도라고 불리는 것으로 [그림 1.4]와 같은 원자핵을 중심으로 원형으로 퍼져 있다. 또한 원형 구성이기 때문에 방향성은 없다. 다른 하나는 p궤도라고 불리는 것으로 서로 직교하는 x, y, z의 세 방향으로 넓혀져 있는 [그림 1.5]와 같은 형태로 되어 있다. 즉 이 p궤도는 방향성이 있으며, s궤도에는 방향성이 없는 것과 대조적이다.

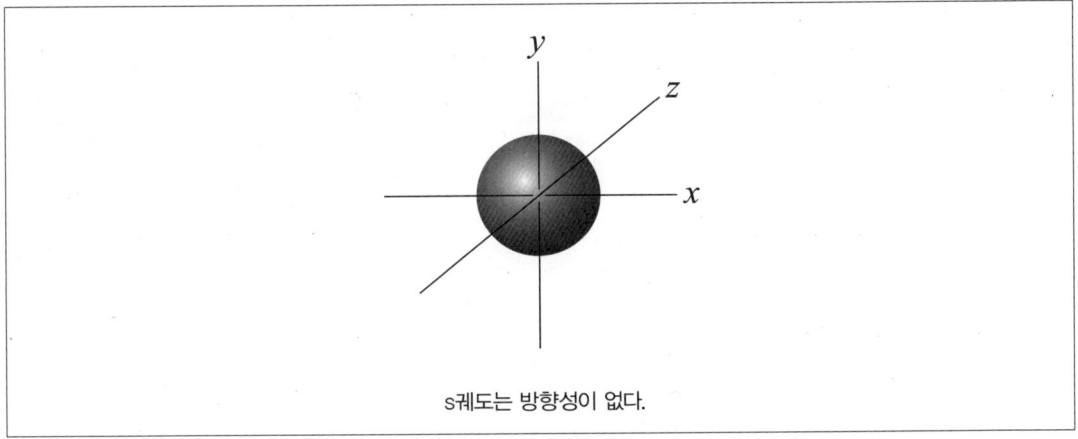

[그림 1.4] s궤도의 모양과 퍼짐

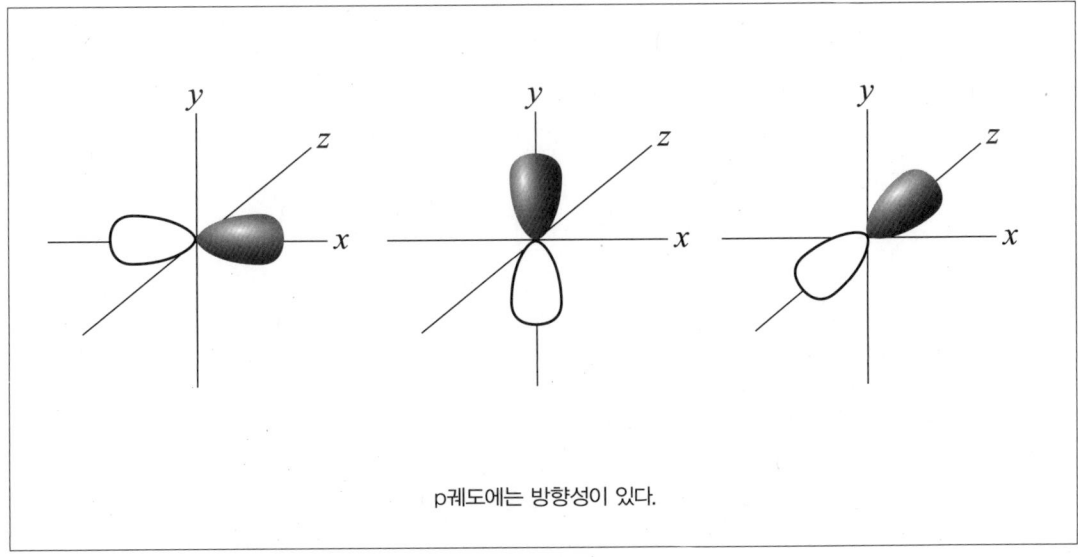

[그림 1.5] p궤도의 모양과 퍼짐

제1장 화학의 기초

이런 두 가지 요소를 모두 겸비한 성질의 오비탈이 원자에 존재한다. 에너지가 가장 낮은 K껍질에는 s궤도 밖에 없고 1s(1은 K껍질을 의미한다)라고 표현한다. 그 다음 에너지의 L껍질에는 2s, 2p(2는 L껍질을 의미한다)의 2종류가 있다. p궤도에는 x, y, z라는 세 방향으로 확대되는 오비탈이 존재하기 때문에 그것도 참고하여 2s, 2px, 2py, 2pz로 4종류의 오비탈이 존재하게 된다. 단, 2s와 비교해 2p가 다소 높은 에너지로 되어 있다. 이런 오비탈에 전자가 들어가 원자가 만들어지는 것인데 에너지가 낮은 곳부터 순서대로 들어간다. 즉 1s, 2s, 2p(2px, 2py, 2pz)의 순서이다. 1층부터 순서대로 전자라고 하는 거주인이 들어간 다는 개념으로 볼 수 있다.

	에너지	전자각	오비탈의 종류(방의 종류)		
3층	높다	M껍질	3s	3p (3p$_x$, 3p$_y$, 3p$_z$)	3d(5종류)
2층	↓	L껍질	2s	2p (2p$_x$, 2p$_y$, 2p$_z$)	
1층	낮다	K껍질	1s		

1층에는 1s라는 방이 하나뿐이지만 2층에는 4개의 방이 있다. 단, 그 중 3개의 방은 다소 높은 곳에 있다고 했는데 같은 3층(M껍질에 해당하는)에도 3s, 3p$_x$, 3p$_y$, 3p$_z$의 4개의 방(즉, 오비탈)이 존재한다. 이런 식으로 오비탈에 전자가 들어가게 되는데 이때 새로운 규칙이 존재한다. 이것을 파울리의 배타 원리라고 한다. 방에 들어 갈 때는 최대 2개까지 가능하지만 단 2개가 들어갈 때는 스핀이라고 하는 상태가 서로 다른 물체끼리 있어야 한다. 스핀(전자스핀)은 전자가 회전하는 성질로 회전의 방향성 차이로 2종류가 있다. 따라서 하나의 방에는 회전의 방향성이 다른 것이 2개가 들어가게 되는 것이다. 이때를 쌍을 만든다라고 표현한다. 이렇게 순서대로 전자가 들어가 원자가 생겨나는 것이다. 단, p궤도에는 3종류의 에너지와 같은 형태가 있다. 이때는 갑자기 쌍을 만들지 않고 먼저 하나씩 각각의 방에 하나씩 들어간 뒤 처음으로 쌍을 만들도록 2번째의 전자가 들어간다. 이 규칙을 훈트 규칙이라고 하며, 이상의 규칙에서 각 원자의 전자배치를 [표 1.2]에 정리해 보았다.

[표 1.2] 원소의 주기율표 제3주기까지의 원자와 전자 배치

원자번호	원소기호	원소명	K 껍질	L 껍질				M 껍질			
			1s	2s	$2p_x$	$2p_y$	$2p_z$	3s	$3p_x$	$3p_y$	$3p_z$
1	H	수소	1								
2	He	헬륨	2								
3	Li	리튬	2	1							
4	Be	베릴륨	2	2							
5	B	붕소	2	2	1						
6	C	탄소	2	2	1	1					
7	N	질소	2	2	1	1	1				
8	O	산소	2	2	2	1	1				
9	F	플루오린	2	2	2	2	1				
10	Ne	네온	2	2	2	2	2				
11	Na	나트륨	2	2	2	2	2	1			
12	Mg	마그네슘	2	2	2	2	2	2			
13	Al	알루미늄	2	2	2	2	2	2	1		
14	Si	규소	2	2	2	2	2	2	1	1	
15	P	인	2	2	2	2	2	2	1	1	1
16	S	황	2	2	2	2	2	2	2	1	1
17	Cl	염소	2	2	2	2	2	2	2	2	1
18	Ar	아르곤	2	2	2	2	2	2	2	2	2

최대 2개까지   최대 8개까지   최대 8개까지

[표 1.2]를 통해 알 수 있듯 K껍질에는 전자 2개, L껍질과 M껍질에는 각각 전자가 8개 밖에 들어있지 않다.* 다음으로 원자의 전자 배치와 화학 결합이 어떻게 이어져 있는지 설명한다.

※ M껍질에는 새로이 5개의 궤도라고 불리는 오비탈이 있다. 각각의 d궤도에 2개 전자가 들어가기 때문에 (10개), s궤도, p궤도에 들어가는 전자 8개를 합쳐 총 18개. 일반적인 유기화합물에서는 d궤도가 결합과 관련이 없기 때문에 여기서는 생략한다.

sp³ 혼성궤도와 단일 결합

수소 분자에서는 [그림 1.6]과 같이 1s궤도끼리의 중첩으로 인해 수소 분자가 만들어진다. 이 중첩으로부터 공유결합의 형성이 된다. s궤도는 원형이기 때문에 또 다른 하나의 원자궤도와의 중첩은 어느 방향이 되었든 같아진다. 하지만 앞에서 설명한 바와 같이 p궤도에는 x, y, z와 방향성이 있다. 궤도의 퍼짐이 있는 방향에서의 궤도 중복이 가장 유효한 중첩이 된다. 따라서 결합하는 방향이 정해지고 그것이 분자의 입체적 형태가 된다. 이제까지 공유결합 형성에 대해서는 분자의 입체 구조는 전혀 참고하지 않았지만 분자는 3차원적인 퍼짐을 갖고 있다. 이 분자의 입체 구조는 어떻게 결정되는 것일까? 기본적으로는 원자의 궤도가 중첩의 방향성에 의해 결정된다.

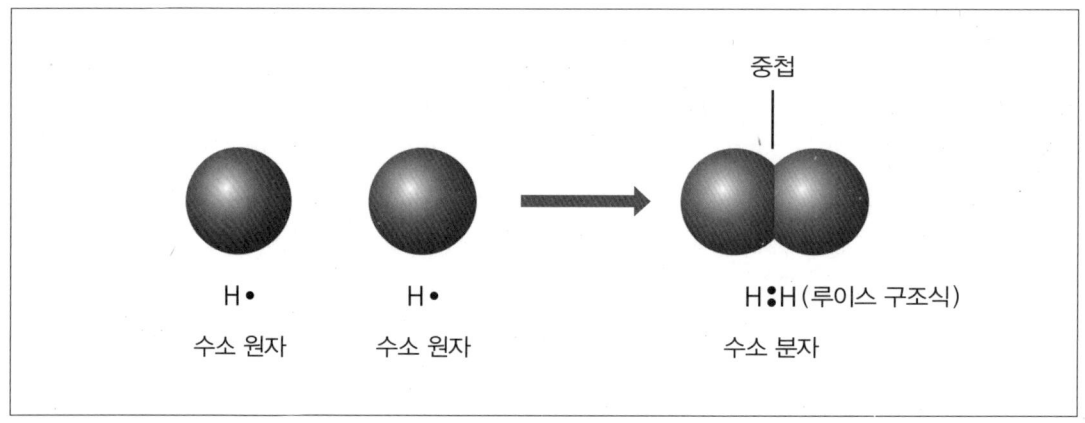

[그림 1.6] 수소 원자의 1s궤도의 중첩으로 인한 수소 분자의 형성

탄소 원자의 L껍질에는 s궤도와 p궤도의 2가지가 있다. 이런 궤도를 이용해 화학결합이 형성된다. 탄소 원자가 다른 원자와 결합을 형성할 때 그 결합 형성에 관여하고 있다고 생각되는 궤도는 [표 1.2]에서 L껍질의 궤도라고 추정할 수 있다. 따라서 메테인 분자의 탄소와 수소의 결합은 p궤도 전자의 존재 분포의 방향성에서 생각해 상호 직교하고 있다고 추정된다.

그러나 실제로 메테인 분자는 정사면체 구조를 하고 있다. 즉 탄소 원자는 동등가의 4개의 손을 갖고 있는 것이다. 탄소 원자로부터 4개의 동등가의 방향으로 궤도가 퍼져 있는 것이다. 이러한 궤도를 설명하기 위해 L껍질의 2s궤도와 3개의 2p궤도의 모든 것으로부터 새로운 4개의 동등가 궤도가 생성되고 그 궤도를 이용해 공유결합이 형성된다고 하는 사고방식이 있다. 이것들의 궤도를 sp³ 혼성궤도라고 한다([그림 1.7]). 이 경우에 형성된 결합은 단일 결합이라고 한다.

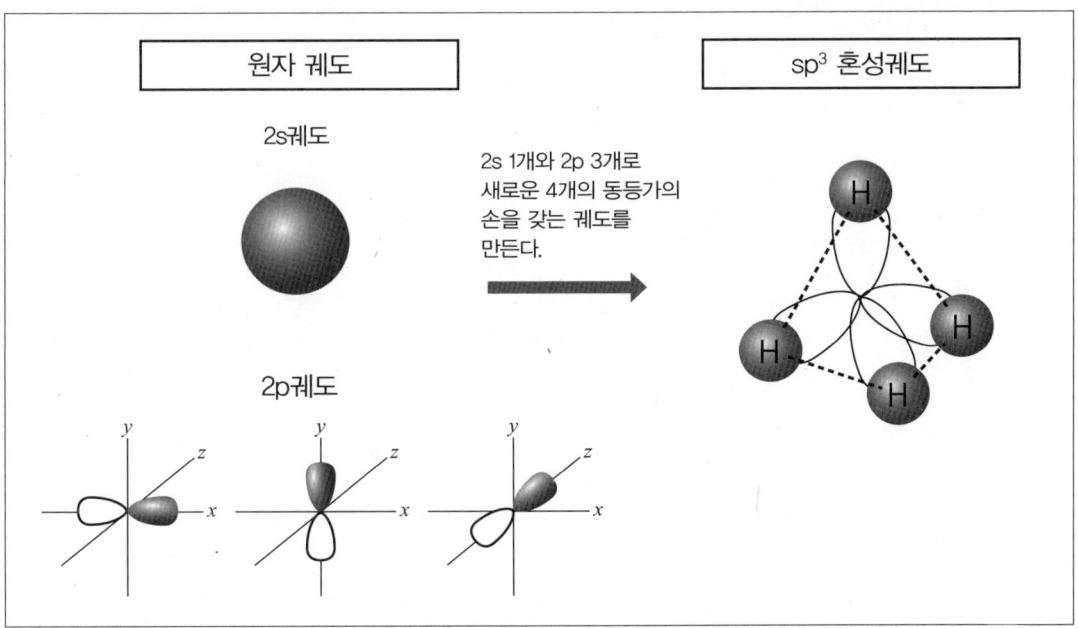

[그림 1.7] 2s궤도와 2p궤도의 sp³ 혼성궤도의 생성

 단, 쉽게 와 닿지 않을 수도 있겠지만 원자의 세계는 매우 작은 세계이다. 원자의 종류에 따라 다르지만 대체 반경 10^{-10}m의 크기이다. 흔히 우리들의 세계에 비유해서 생각하는데 원자의 세계를 우주의 세계, 우리들의 상식과 같은 규칙으로 생각하는 것이 오히려 어렵다고 생각해 본 적은 없는가? 과학의 세계를 우리들의 생활에 꿰맞춰 생각해서는 안된다.
 자연이 말하는 것은 그대로 받아들여야 한다. 인간이 갖는 생각은 자연에서의 관점에서는 작은 것에 불과하다. 따라서 과학을 이해한다고 하는 것은 새로운 사고방식(개념)을 이해하는 것, 그리고 만들어내는 것이다. 앞으로 이 책에서 나오는 사고방식도 우리의 상식선에서 생각하는 것이 아니라 유기화학 세계의 상식으로 생각한다면, 유기화학에 대해 조금 알기 쉬워질 것이다.

칼럼

요리는 유기화학 실험

　유기화합물은 우리의 생활 속에서 빼놓을 수 없다. 주변을 잘 살펴보면 우리의 삶이 얼마만큼 유기화합물에 의지하며 살고 있는지 알 수 있다. 요리는 유기화학의 가장 가까운 예로 유기화학 실험을 증명한다고도 말할 수 있다. 예를 들어 빵을 만드는 과정을 통해 설명하면, 빵을 만드는 데 필요한 재료는 밀가루, 이스트(효모), 설탕, 소금, 물 등이 있다. 순서는 맨 처음에 밀가루와 이스트, 물을 섞으면 점점 찹쌀떡 같은 형태가 되고, 잡아당기면 늘어나게 된다.

　비슷한 특성을 갖는 재료 중 모래에 물을 붓고 섞는다고 해도 같아지지 않는다. '다음으로 36℃ 정도의 온도에 놔두면 부풀어 오른다.'라고 빵 만들기 레시피에 쓰여져 있다면 이것은 이스트라고 하는 미생물의 세포내 효소(생체내 화학 반응을 원활히 하기 위한 촉매)의 역할로 '발효'라고 하려는 화학 반응이 발생한 것이다. 효소는 단백질로 이루어져 있기 때문에 적당한 습기와 36℃라는 적절한 온도를 필요로 한다. 출발물인 원료에 다양한 것(화학실험으로 말하면 시약 등)을 더해 다양한 조작으로 온도를 조절하여 원하는 방향으로 반응을 제어하고 있다. 그러한 요소들이 잘 갖추어지면 반응이 깨끗하게 진행되어 멋진 결과로 이어지는 것이다. 즉, 맛있는 빵이라는 결과물이 되는 것이다.

　여기서 다시 한 번 정리하면 화학 반응의 주인공은 밀가루이다. 이 밀가루는 주로 다량의 글루코오스라고 하는 물질이 이어져 있는 것으로서 전분이라고 한다. 그것에 아미노산이라고 하는 물질로 이루어져 있는 단백질도 들어있다. 다른 것에도 다양한 물질이 사용된다. 또 앞에 설명했듯 효소도 단백질로 되어있다. 글루코오스나 단백질이 '유기화합물'이라고 하는 화학물질이다. 즉 요리를 잘한다고 하는 것은 유기화학 실험을 잘한다고도 할 수 있는 것이다.

제 2 장

유기화학의 기초

2.1 유기화합물 성질의 근원(작용기)

그리하여…
$CH_3(CH_2)_{14}CO_2H$ 가 $HO_2C-CH_2-CH_2-$….

하아~ 결심하고 대학에는 왔다만 여전히 아무것도 모르겠다.

물론 내가 대학에 들어온 진짜 이유는 따로 있지만….

광희의 **사랑** 유나!!

제2장 유기화학의 기초

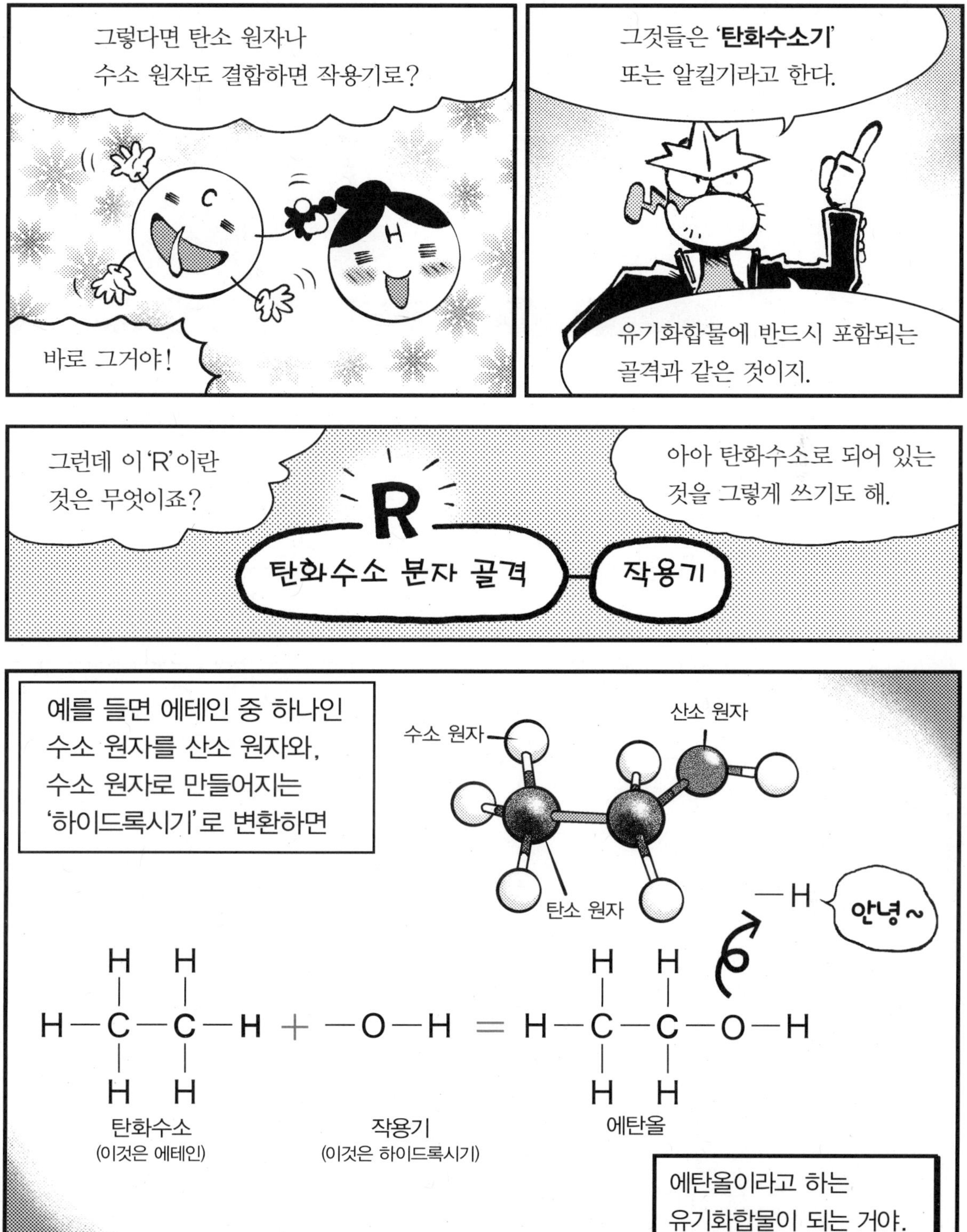

작용기는 하이드록시기 외에도 다양해!
이것이 대표적인 작용기다!

작용기명		작용기 구조	유기화합물명
탄화수소기		$>C-C<$	알케인
		$>C=C<$	알켄
		$-C\equiv C-$	알카인
하이드록시기		$>C-O-H$	알콜
		$Ar-O-H$ (Ar =방향족)	페놀
에테르 결합		$>C-O-C<$	에테르
카보닐기 $>C=O$	포르밀기	$-C(=O)H$	알데하이드
	카복실기	$-C(=O)O-H$	카복실산
	에스터 결합	$-C(=O)O-R$ (R =알킬기)	에스터
아미노기		$-C-N<^R_R$ (R=H 또는 알킬기)	아민

Ar : 벤젠 및 그 설치 치환체를 나타내는 특별한 안정성을 갖고 있음.

오~ 이렇게나 많이 이어져 있구나.

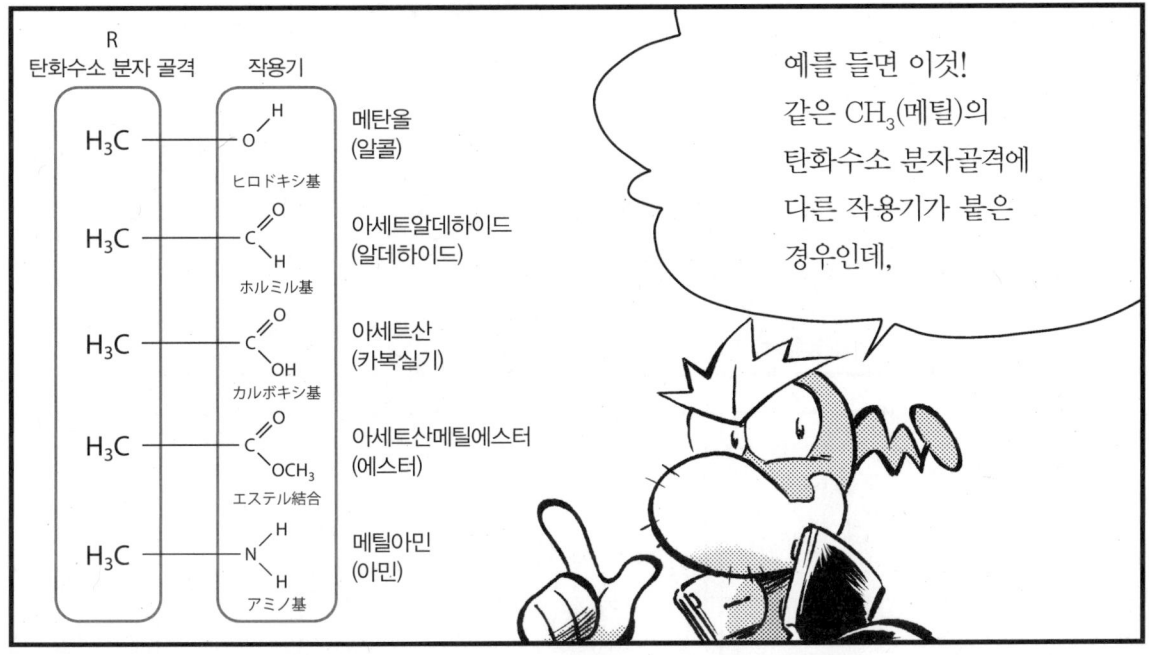

2.2 유기화합물의 이름 짓는 방법

International Union of Pure and Applied Chemistry

(약자로 IUPAC)

－라는 기관이 있기 때문이지!

그게 뭐예요. 우주나 프로레슬링팀 이름 같은 건가요?

그나저나 자네 영어 공부도 해야겠군.

「국제순수・응용 화학연합」 이라고 하는 국제학술기관의 이름이야.

'IUPAC 명명법'이라고 하는 유기화합물을 포함한 모든 화합물의 이름을 짓는 방법을 규칙화하고 있어.

어떤 작용기가 탄화수소 분자 골격의 장소에 붙어있는지를 나타낸다.

유기 분자

탄화수소 분자 골격 ― 작용기

탄화수소 분자 골격이 몇 가지의 탄소 원자로 되어있어 그 탄소 원자가 서로 어떻게 연결되어 있는지를 나타낸다.

하지만 그 규칙을 이해하기 위해서는 분자의 구조에 대한 지식이 필요하다.

에이, 어차피 어려운 것들을 외워야 되잖아요?

제2장 유기화학의 기초

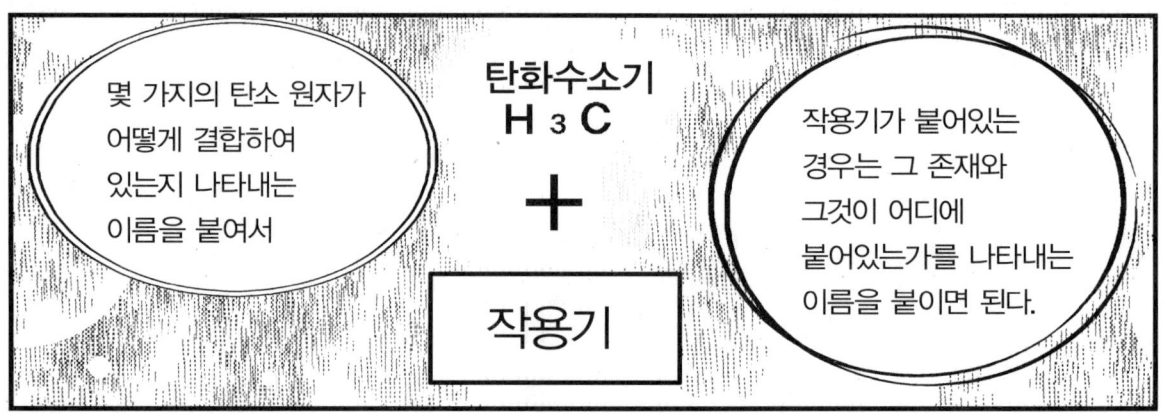

탄소 원자의 수	
1	메타 (metha)
2	에타 (etha)
3	프로파 (propa)
4	부타 (buta)
5	펜타 (penta)
6	헥사 (hexa)
7	헵타 (hepta)
8	옥타 (octa)
9	노나 (nona)
10	데카 (deca)

예를 들어, 헥세인은 탄소의 수가 6개이기 때문에 '**헥사**(hexa)'가 되고,

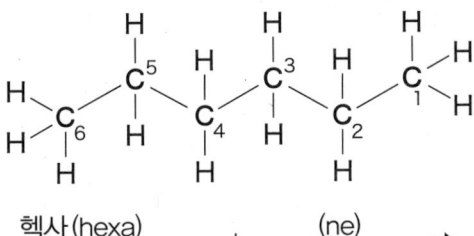

헥사 (hexa)   +   (ne)   →   헥세인 (hexane)
[탄소의 수]   [탄화수소]   [IUPAC 명]

그 후로 탄화수소*를 나타내는 'ㄴ(ne)'를 붙여 '**헥세인** (hexane)'이라고 명명하였다.

※엄밀히 말하면 포화탄화수소.

먼저 왼쪽의 흐름으로 '**에테인**(ethane)'이라고 붙인 뒤

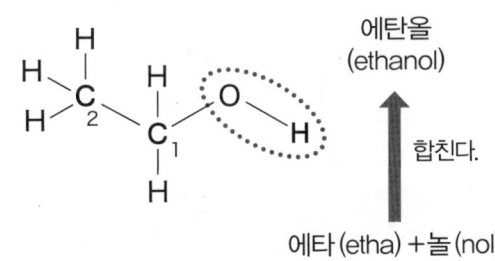

에탄올 (ethanol)

↑ 합친다.

에타 (etha) + 놀 (nol)

탄화수소를 표현한다.
'ㄴ(ne)'만이 알콜로 표현해,
'**놀**(nol)'로 옮겨놓은 것이다.

단 에테인올의 경우, 바로 앞에 있어

에테인 (ethane)

↓ 나눈다.

에타 (etha) + ㄴ (ne)

제2장 유기화학의 기초

주기율표의 17족을 할로겐이라고 한다.
'**할로겐화탄화수소**' 등도
다른 방법으로 이름을 짓는다.

		접두어
F	플루오린	풀루오르(fluoro)
Cl	염소	클로로(chloro)
Br	브롬(브로민)	브로모(Bromo)
I	아이오딘(요오드)	아이오드(iodo)

먼저 지금까지와 같이
탄화수소 분자 골격에 이름을 붙여,

포함되어 있는 할로겐에
의해 이름을 붙인다.

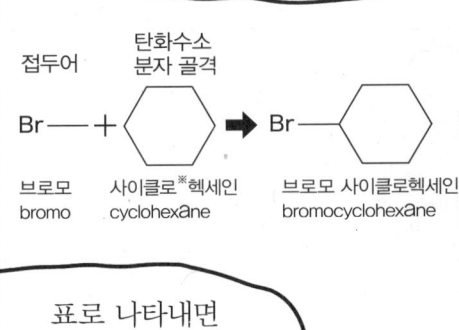

표로 나타내면
이런 식으로,

그 외의 이름을 붙이는 방법은
이 정도라고 할 수 있지.

화합물명	명명의 규칙
알콜	(1) 간단한 알콜: 알케인의 어미(–e)를 올(ol)로 변환한다. (2) 복잡한 알콜: 히드록시(hydroxyl)+알케인의 이름
알데하이드	(1) 알케인의 어미(–e)를 알(–al)로 한다. (2) 알케인의 이름에 접두어로 포르밀(formyl)
케톤※※	(1) 알케인의 어미(–e)를 온(–one)으로 한다. (2) 알킬기의 이름+케톤(ketone)
카복실산	(1) 알케인의 어미 –e를 –oic로 바꿔 그 뒤 (acid)를 붙인다. (2) 카복실기 두 개를 카복실산 니카르본산으로 명명

좋아! 이것만 외워도 된다면
나도 유기화학을
마스터할 수 있어!

아니, 저기 말이야…
사실 하나만 더!

어이 광희!
아까부터 너무
시끄러운 거 아냐?

표정도 항상
어두운 주제에…

진짜! 이게 진짜
마지막이야, 믿어줘!!

※사이클로(cyclo)는 원형 모양을 표현하는 접두어.
※※제4장 129페이지 참조.

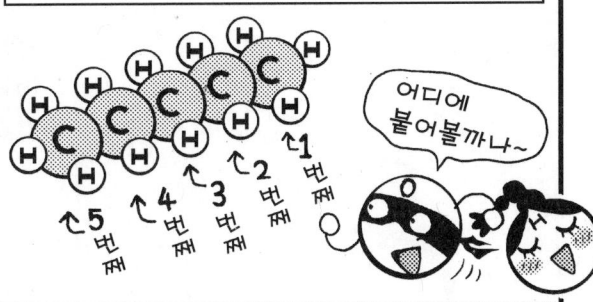

사실 작용기들의 결합 장소는 분자에 따라 달라지지만

어디에 붙어볼까나~

그렇다면 마지막 과제는 바로! 작용기가 탄화수소 분자 골격 중 '어느 곳에 붙는가' 하는 점이다!

그런데 위치 번호에는 작용기의 위치를 나타내는 번호가 작아지도록 한다는 규칙이 있어.

그렇구나! 그래서 왼쪽부터 1, 2, 3이 되는구나.

그것을 정확히 구분하기 위해서는 탄소 사슬에 번호를 붙여 작용기의 **'위치 번호'**를 정해.

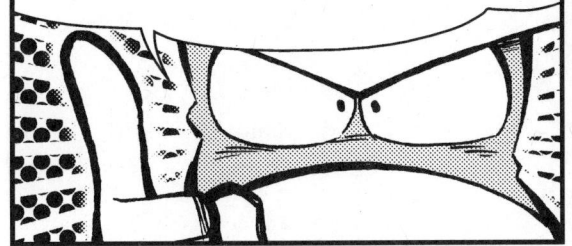

첫 번째··· 펜탄올

두 번째··· 2-펜탄올

작용기에 붙어있는 위치 번호가 엇갈린 작용기 화합물에 대해서는 그 번호를 매긴 이름으로 한다.

그렇단다. 틀리기 쉬운 부분이니 신중하게 해야 해!

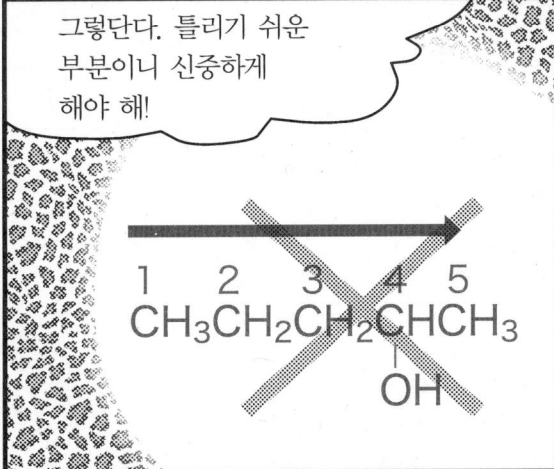

제2장 유기화학의 기초

Follow-up

이중결합과 삼중결합

탄소 원자끼리의 결합 방법에는 세 가지가 있다. 1개의 손으로 연결된 단일결합과 2개의 손으로 연결된 이중결합, 그리고 3개의 손으로 연결된 삼중결합이다. [그림 2.1]에 대표적인 화합물을 나타냈다. 단일결합 에테인의 탄소 원자는 삼차원 방향과 같은 값으로 늘어난 결합을 한다. 에테인의 탄소 원자는 3방향으로 평면에 펼쳐져 결합하고 있다. 또 아세틸렌의 탄소 원자는 선형 2개의 결합을 가지고 있다. 이 3종류의 결합에 어떤 차이가 있는지는 수소를 첨가하는 반응을 통해 이러한 탄소-탄소 결합의 차이를 명확하게 알 수 있다.

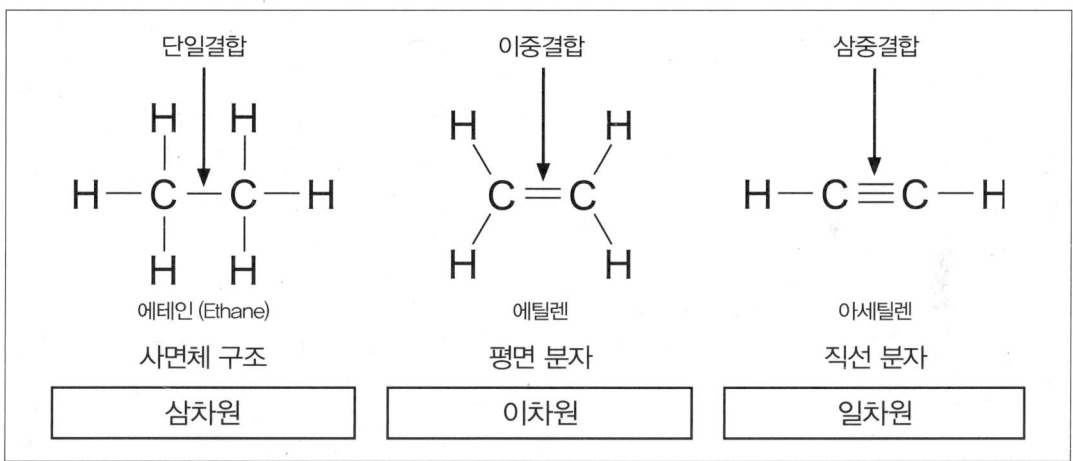

[그림 2.1] 단일결합, 이중결합, 삼중결합을 갖는 분자의 입체 구조

[그림 2.2]는 아세틸렌에서 에테인에 수소 첨가에 의한 변화를 나타낸다. 상세 설명은 제5장 유기화합물의 반응에서 설명하지만 에테인에 수소를 첨가해도 아무 변화가 일어나지 않는다. 에텐의 탄소 – 탄소의 두 결합 중 하나는 에테인 단일결합(σ결합)과 같지만 또 다른 하나의 결합은 수소와 반응(부가 반응)하는 성질을 갖고 있어 에테인의 결합과 다르다. 그 결합을 'π결합'이라고 한다. 더욱이 [그림 2.2]의 반응으로부터 아세틸렌의 탄소-탄소 삼중결합 중 하나는 σ결합이며, 나머지 2개는 π결합이 되어있는 것을 알 수 있다. 즉, 이 분자 중 탄소 원자와 수소 원자의 결합은 모두 σ결합이다.

$H-C\equiv C-H$ $\xrightarrow{+H_2}$ $\underset{HH}{\overset{HH}{C=C}}$ $\xrightarrow{+H_2}$ $H-\underset{H}{\overset{H}{C}}-\underset{H}{\overset{H}{C}}-H$

[그림 2.2] 아세틸렌의 수소 첨가에 의한 에텐, 에틸렌으로의 변화

그렇다면 이중결합과 삼중결합에서는 어떻게 결합이 형성되어 있을까? sp³ 혼성과 같은 방식으로 이 결합의 형성이 해석된다. 이중결합 평면 3개의 σ결합은 하나의 2s궤도와 두 개의 2p궤도에 의해 만들어지는 sp² 혼성궤도에 따라 만들어진다. 또, 삼중결합의 두 σ결합은 2s궤도와 하나의 2p궤도에 의해 만들어지는 sp 혼성궤도로 만들어진다. 그러나 이 결합에는 아직 남아 있는 전자가 있다.

이중결합에서는 2p궤도에 전자가 1개, 3중결합에는 2개의 2p궤도에 전자가 하나씩 남아 있다. 이것들은 어떻게 되어 있는 것일까? [그림 2.3] 및 [그림 2.4]에 나타낸 것처럼 p궤도의 측면에 무게로 전자쌍을 공유함으로써 결합을 형성하고 있다. 이 결합이 π결합이다. 이 결합에 관여하고 있는 전자를 π전자라고 한다. 또 σ결합에 관여하고 있는 전자를 σ전자라고 한다. 그림을 보고 명백하게 알 수 있듯 σ결합에 비해 π결합에서는 궤도의 결합이 약하다. 이것이 π결합이 σ결합보다도 약한 결합으로 되어있는 원인이 된다. 더욱이 π 전자는 분자평면의 외측을 향해 결합 전자가 펼쳐져 있다. 이 때문에 전자를 구하는 수소 분자와 같은 화합물이 접근해 [그림 2.2]에 나타낸 반응을 일으킨다.

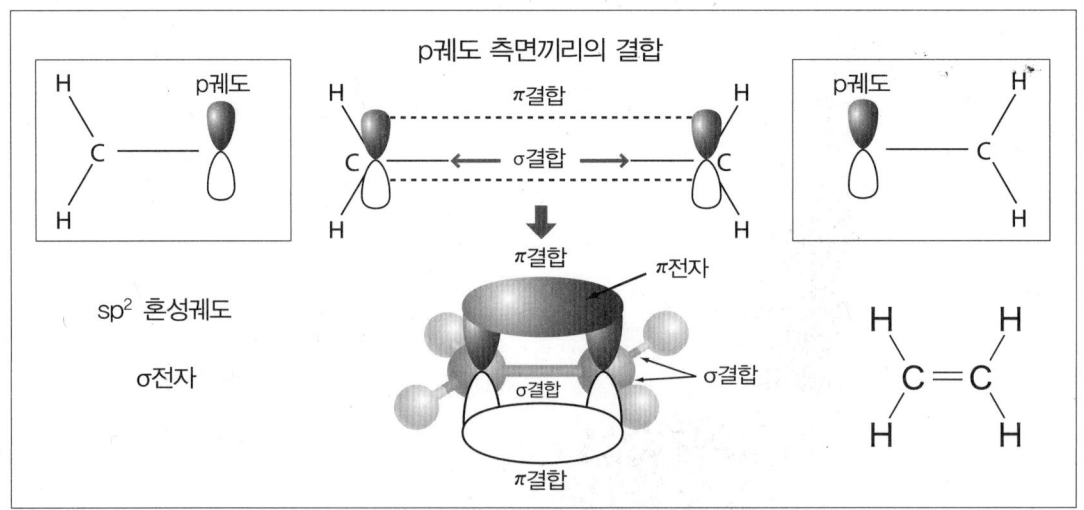

[그림 2.3] 에틸렌의 이중결합

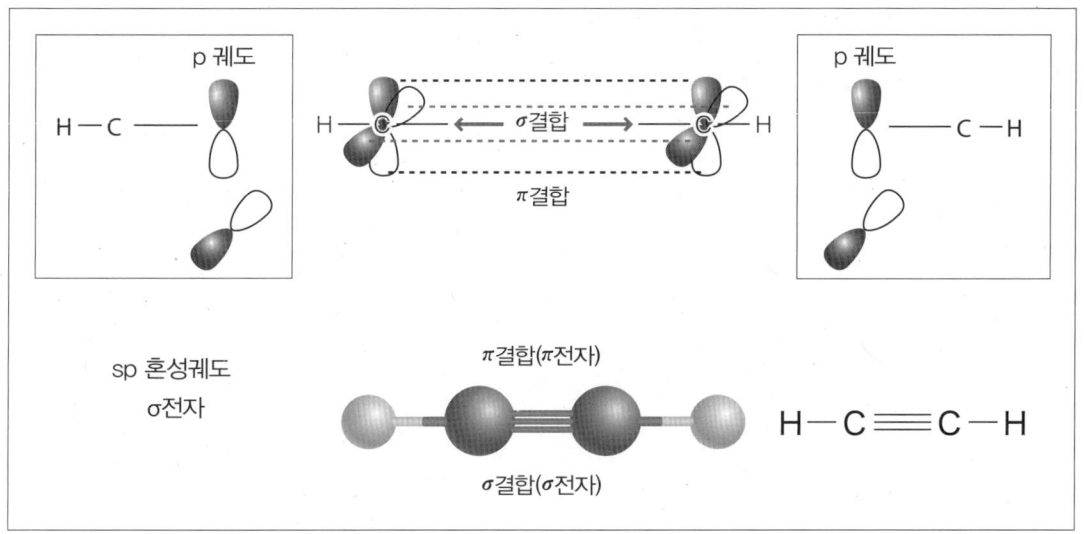

[그림 2.4] 아세틸렌의 삼중결합

🔷 공명과 공명(conjugation)

공명과 공액은 모두 유기화합물의 구조상 특징을 표현하는 데 없어서는 안되는 용어이다. 또 분자의 화학 반응성의 이론적 해석에도 필수 항목이다. 그러나 그것들의 개념이 비슷하여 자주 혼동하여 사용되는 경우도 있다. 여기서는 부타디엔을 예로 두 용어에 대해 설명하고자 한다.

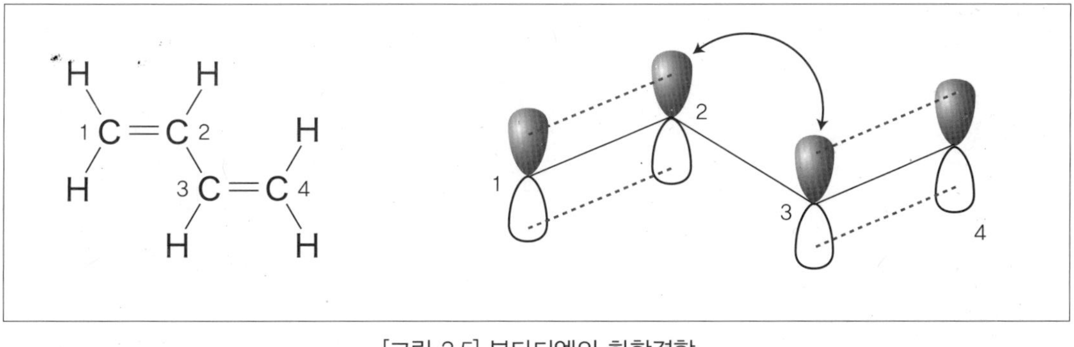

[그림 2.5] 부타디엔의 화학결합

이부타디엔이란 [그림 2.5]의 왼쪽과 같이 분자 내에 두 개가 이중결합되어 있다. 그리고 그 이중 결합이 인접하고 있는 분자이다. 이중결합의 결합 중 하나는 π결합으로 p궤도의 측면 무게에 의해 탄소 원자와 탄소 원자가 결합되었다. [그림 2.5] 오른쪽에서 보듯 탄소 1과 탄소 2의 사이 그리고 탄소 3과 탄소 4 사이에 이중결합이 존재하고 있다. 그러나 그림을 보면 탄소 2의 p궤도 옆에는 이중결합을 형성하고 있는 탄소 1의 p궤도 외에 탄소 3의 p궤도가 존재하고 있다. 즉 궤도의 관점에서 보면 탄소 2와 탄소 3의 사이에도 π결합이 존재하고 있다고 생각된다. 실제로 이 분자의 탄소 2와 탄소 3의 p궤도 사이에는 π결합과 같은 상호작용이 발생해 그 결과, 탄소 2와 탄소 3의 결합에는 이중결합의 성질이 더해진다. 한편 탄소 1과 탄소 2의 결합은 이중결합의 성질이 점점 줄어든다. 그 성질의 변화는 구체적으로는 결합한 길이의 차이로서 표현한다. 보통 단일결합보다 이중결합이 짧아져 있다. 공명에 의해, 본래 이중결합을 형성하고 있던 탄소 1과 탄소 2의 결합 거리는 늘고, 반대로 본래 단일결합이었던 탄소 2와 탄소 3의 결합 거리는 짧아지고 있다(엄밀하게 보면 탄소 1과 탄소 2의 결합 거리는 탄소 2와 탄소 3의 결합거리보다 짧다). 즉, 이중결합의 성질이 크다. 이런 일이 발생하는 원인은 2개의 이중결합이 인접해 있는 것, 즉 단일결합을 끼고 이중 결합이 있기 때문이다. 이런 현상을 C1-C2의 이중결합과 C3-C4의 이중결합은 공명하고 있다고 한다. 이러한 분자의 구조는 다음과 같이 표현한다.

$$H_2C \text{------} \underset{2}{CH} \text{------} \underset{3}{CH} \text{------} \underset{4}{CH_2}$$
$${}_1$$

또는 기존의 화학식에서 다음과 같이 표현하는 방법도 있다.

$$\underset{(A)}{H_2C = CH - CH = CH_2} \longleftrightarrow \underset{(B)}{\overset{+}{H_2C} - CH = CH - \overset{-}{CH_2}}$$

부타디엔

실제 부타디엔의 분자 구조는 (A)도 (B)도 아니다. 이와 같은 경우 부타디엔은 (A)와 (B)의 공명 혼성체로 존재하고 있다고 한다. (A)라고 하는 분자도 (B)라는 분자도 존재하지 않고 실제로 존재하는 분자의 구조를 몇 가지 유사한 구조의 기여라, 여기서는 (A)와 (B)의 기여에 의해 형성되고 있다고 생각하는 것이다. 이런 사고방식을 공명이라고 한다. (A)나 (B)를 공명 구조(또는 한계 구조식)라고 한다. 통상 실제 분자에 대한 공명 구조의 기여도는 같지 않다. 부타디엔의 경우에는 (A)의 기여가 크다. 왜냐하면 (B)의 공명 구조에는 전하가 존재해 더욱이 그 전하를 인정한 것으로 하는 요인이 없기 때문이다. 이렇게 하여 공명은 진정한 분자의 구조를 표현하는 생각이다.

칼럼

눈에 보이는 거대 분자

대부분의 분자는 크기가 굉장히 작아 특수한 현미경을 사용하지 않고서는 직접 볼 수 없다. 그러나 그중에는 눈에 보이는 것들도 존재한다. 일명 고분자 화합물(폴리머)이라고 하는 것인데, 분자량은 약 10,000 이상의 큰 화합물이다. 우리가 교과서 등에서 최초로 만나는 에테인올(분자량 46.07)이나 에틸렌(분자량 28.05) 등의 유기화합물은 고분자 화합에 비해 저분자 화합물(또는 모노마)에 속한다. 통상적으로 유기화합물의 분자량은 100~300 정도이다.

이 분자량의 차이를 보는 것만으로도 고분자 화합물이 몇 가지가 연결되어 있는 것이다. 이 때문에 중합체라고도 한다.

고분자 화합물은 크게 자연계의 식물이나 동물에 존재하는 천연 고분자 화합물과 인공적으로 만든 합성 고분자 화합물로 2종류가 있다. 대표적인 예를 들어본다.

고분자 화합물의 예

천연 고분자 화합물	전분, 단백질, DNA, RNA, 천연고무
합성 고분자 화합물	나일론, 폴리에스테르, 폴리에틸렌, 폴리프로필렌, 폴리염화비닐

합성 고분자 화합물은 우리의 생활에도 없어서는 안 될 소재로 되어 있다. 예를 들어 나일론이나 폴리에스테르는 합성섬유로 의류 등에 사용된다. 또 폴리염화비닐은 가벼운 것이 특징으로, 가정의 배수 등에 사용되는 배수 파이프 등의 소재로 사용되고 있다. 한편 천연 고분자 화합물의 대표적인 것으로 전분이나 단백질은 생명 활동의 원천이라 할 수 있다.

그런데, 나일론이나 폴리에틸렌, 천연고무 등은 물에 녹지 않는다. 한편 전분이나 단백질은 물을 더해 열을 가하면 녹는다. 그렇다면 전분이나 단백질이 없어져 버린, 물에 의해 거대 분자가 파괴되어 하나의 작은 분자(단당이나 아미노산)가 되어버린 일까? 그렇지 않다. 어느 정도 크기의 분자가 되어 액체 속에 떠다니는 것이다(분산되어 있다). 여기서 일부러 떠돌고 있다는 것은 보통 용해라고 하는 것과는 다르기 때문이다. 예를 들면 넓은 바다에 떠 있는 것 같은 것이다. 이 용액 속에 떠 있는 분자의 크기는 10^{-7}에서 10^{-9}m 정도의 크기로 콜로이드라고 불린다. 보통 원자의 크기가 10^{-10}m이기 때문에 콜로이드의 입자는 원자의 10배에서부터 1,000배의 크기를 갖고 있다. 이처럼 전분이나 어느 종류의 단백질을 이 콜로이드로 용액 속에 분산되어 몸 속에서 이동하면서 생명 활동을 유지하고 있는 것이다. 이처럼 실제로 생명은 물질의 성질을 잘 이용한다.

제 3 장
유기화합물의 구조

3.1 이성질체란 무엇인가?

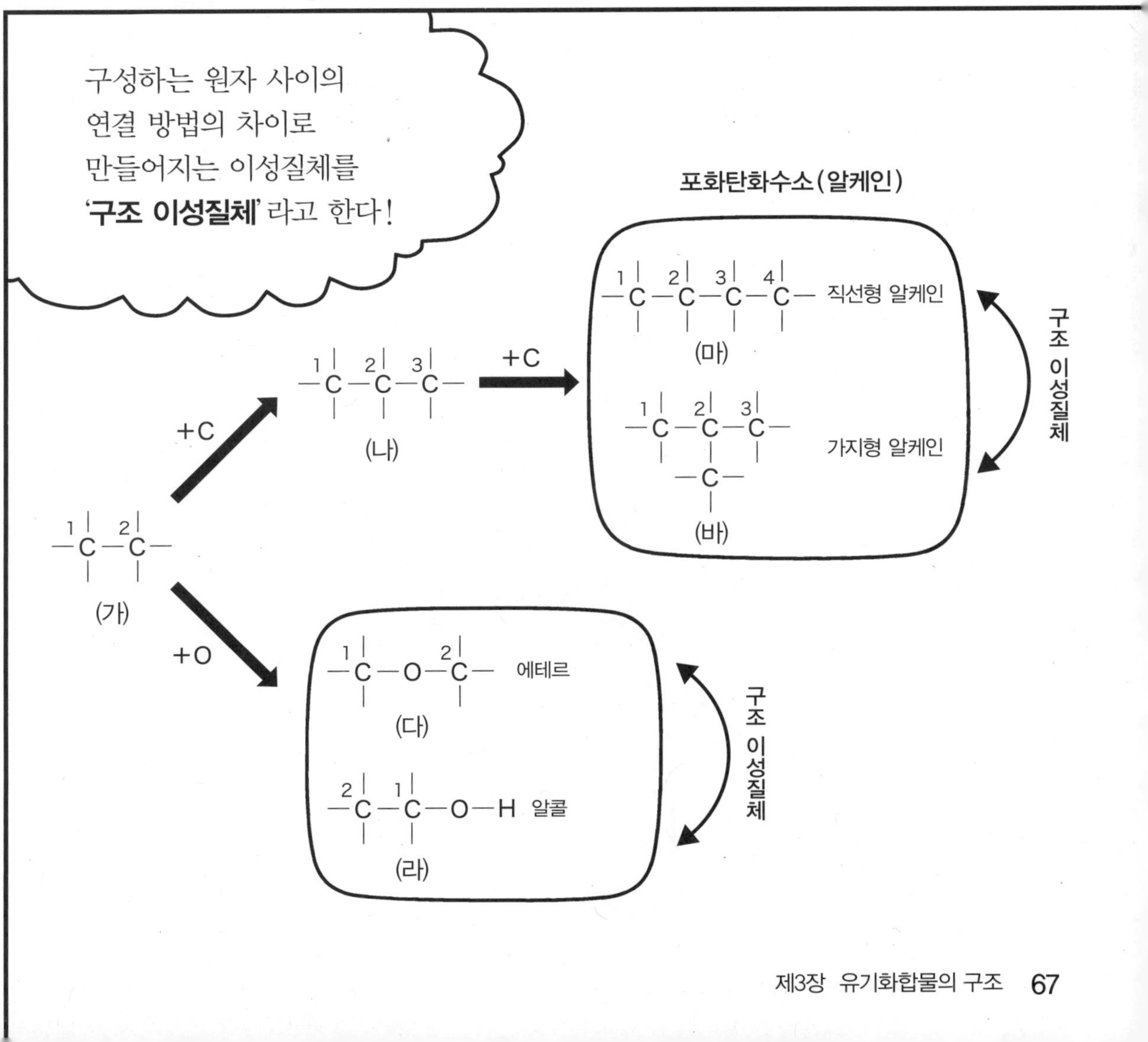

구성하는 원자 사이의 연결 방법의 차이로 만들어지는 이성질체를 **'구조 이성질체'** 라고 한다!

포화탄화수소 (알케인)

(가) → +C → (나) → +C → 직선형 알케인 (마) / 가지형 알케인 (바) 〔구조 이성질체〕

(가) → +O → 에테르 (다) / 알콜 (라) 〔구조 이성질체〕

제3장 유기화합물의 구조

이렇게 수소 원자가 붙게 되면 에테인(C_2H_6)이라고 하는 유기화합물이 된다.

만약 (가)와 같이 나란한 탄소 원자가 남은 손 모두에…

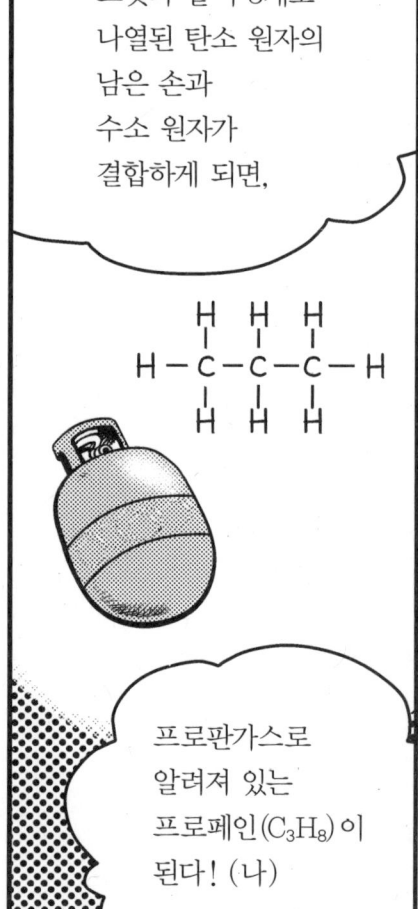

그것과 같이 3개로 나열된 탄소 원자의 남은 손과 수소 원자가 결합하게 되면,

프로판가스로 알려져 있는 프로페인(C_3H_8)이 된다! (나)

더욱이 4번째 탄소 원자가 결합하는 경우 (마),

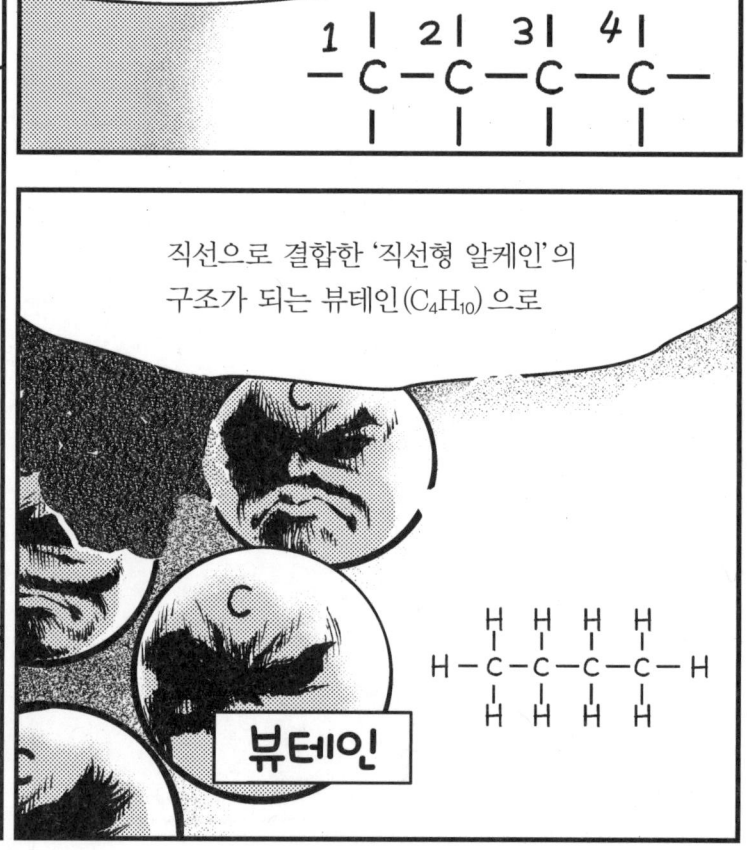

직선으로 결합한 '직선형 알케인'의 구조가 되는 뷰테인(C_4H_{10})으로

뷰테인

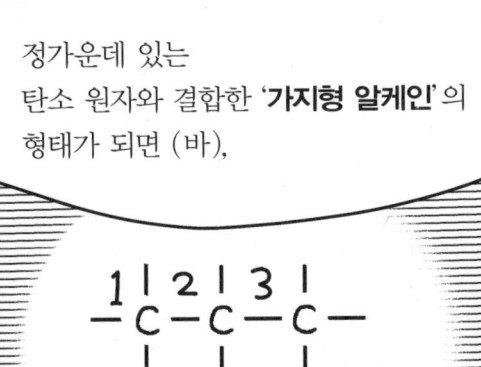

결합의 방법 중에는 더욱이 손을 서로 잡고 원을 만드는 **'고리 구조'** 라고 하는 것도 있어!

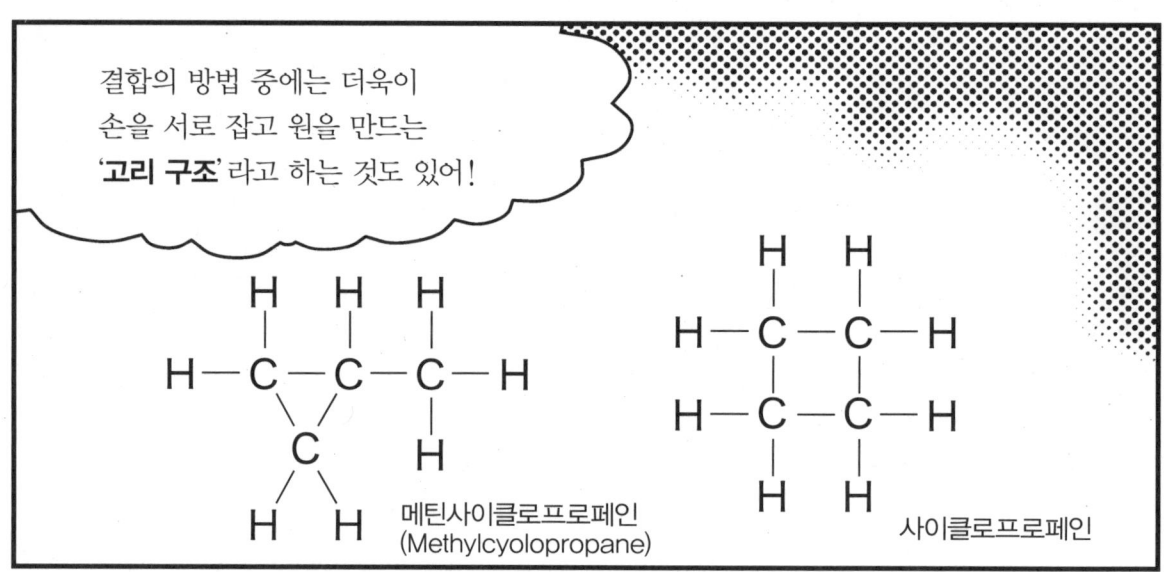

메틸사이클로프로페인
(Methylcyolopropane)

사이클로프로페인

3.2 분자의 이차원 구조와 성질(입체 배치)

위 그림을 예로 들면 같은 C_4H_8이면서 탄소 원자 3개가 바퀴 모양이 된 **'삼각고리 구조'**

4개가 고리환 구조로 된 **'사각고리 구조'** 등의 구조 이성질체가 존재하는 것이지.

그렇구나. 원자도 많은 궁리 끝에 결합하고 있는 거구나.

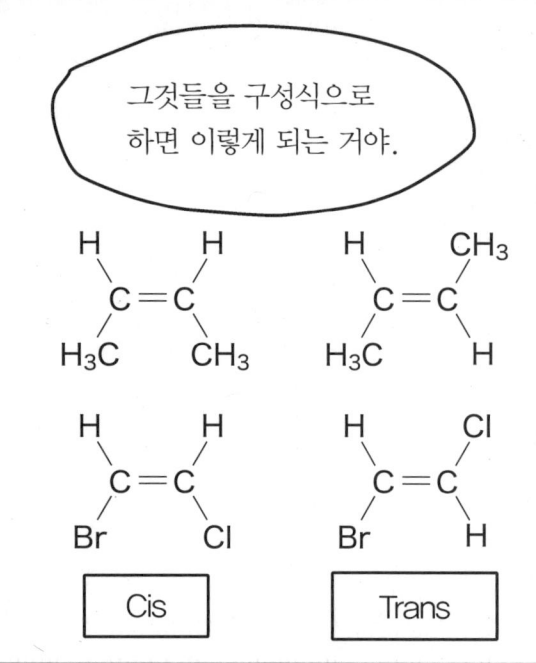

3.3 분자의 삼차원 구조, 분자 거울의 세계(거울상 이성질체)

제3장 유기화합물의 구조

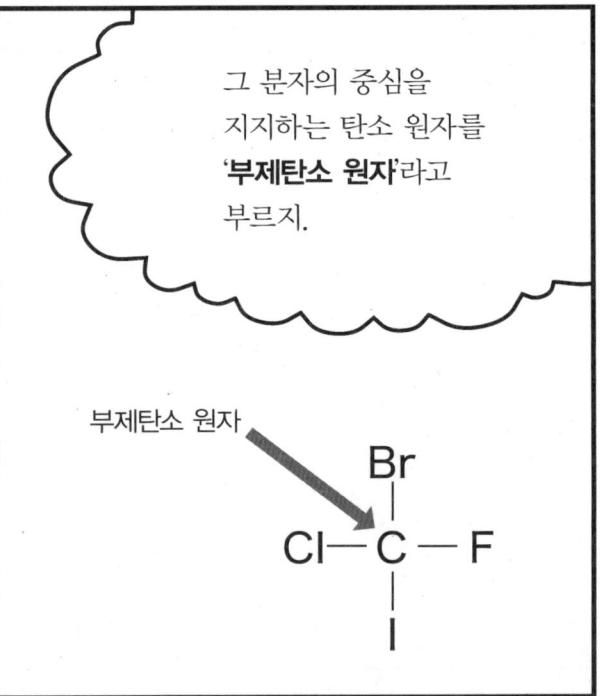

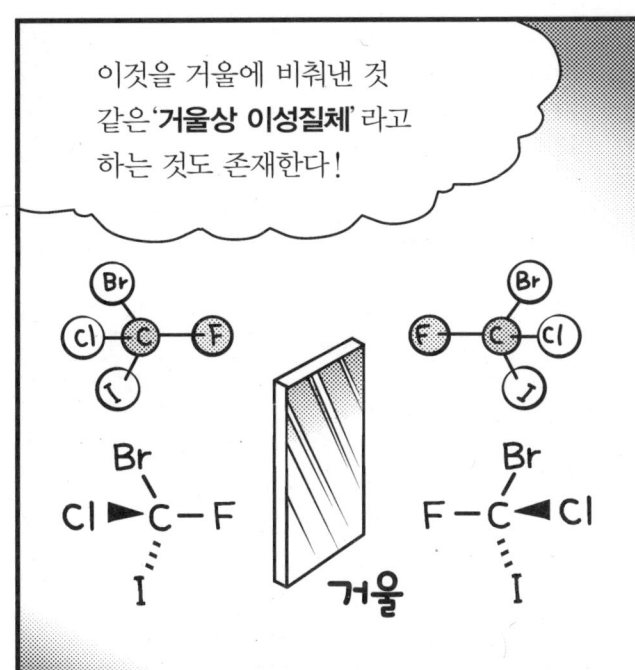

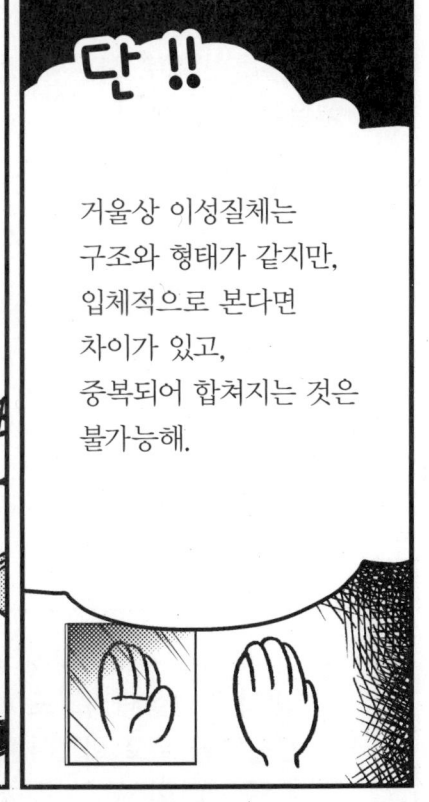

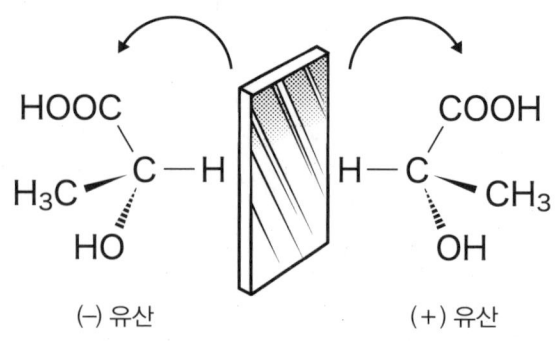

Follow-up

◆ 분자식, 구조식을 보는 방법과 기록하는 방법

원소기호를 이용해 분자를 표현하는 것을 화학식이라고 한다. 화학식에는 그 목적에 따라 쓰는 몇 가지의 방법이 있다. 에테인(ethane), 에탄올, 그리고 사이클로헥세인(cyclohexane)의 세 가지 화합물을 예로 설명한다([표 3.1]).

[표 3.1] 다양한 화학식(분자의 표기법)

	에테인	에탄올	사이클로헥세인
분자식	C_2H_6	C_2H_6O	C_6H_{12}
실험식	CH_3	C_2H_6O	CH_2
시성식	CH_3CH_3	(가) C_2H_5OH (나) CH_3CH_2OH	
구조식	(가) H H H—C—C—H H H (나) ———	(가) H H H—C—C—O—H H H (나) ⟨ ⟩OH	⬡

분자 구조의 기본이 되는 것은 그 분자를 조성하고 있는 원소의 종류와 수이다. 이만큼의 정보를 포함하고 있는 것을 분자식이라고 하는데 바로 이 분자식이 화합물의 기본적인 정보가 된다. 이 중에서도 특히 중요한 것은 분자를 구성하고 있는 원소의 비율이라고 할 수 있으며, 그 비율을 표현해낸 화학식을 실험식이라고 한다. 예를 들어 에테인의 분자식은 C_2H_6가 된다. 분자는 탄소 원자 2개와 수소 원자 6개로 구성되어 있는데 탄소와 수소가 1:3의 비율로 되어있는 것을 알 수 있다. 즉 실험식은 CH_3이 되고, 에탄올과 사이클로헥세인의 경우 분자식, 실험식은 [표 3.1]과 같다.

여기서 에탄올에는 히드록시기(OH)라는 작용기가 존재한다. 작용기는 그 분자의 성질에 크게 관련이 있는 중요한 구조이다. 그것을 나타내는 표기법이 시성식이다. 에탄올의 경우 탄화수소 부분을 표현하는 구조는 두 가지의 기록 방식이 있으며, 분자의 구조까지 상세하

제3장 유기화합물의 구조

게 나타낸 표시 방법을 구조식이라고 한다. 구조식은 분자의 구조, 즉 각 구성 원자가 어떻게 연결되어 있는가를 나타낸 화학식이다. 유기화합물 분자의 구조를 명확하게 알고 있기 때문에 유기화합물에서 구조식을 나타내는 경우가 많은데 분자가 커지면 이해하기 어려워진다. 탄소 원자 C와 수소 원자 H 표시를 제외하고 탄소 원자와 탄소 원자의 결합만을 선으로 연결하여 여기서 작용기만 추가한 표기를 한 것이다. 바로 [표 3.1]의 구조식(2)이다. 분자가 복잡해지면 구조식과 시성식을 합친 표현으로 분자의 구조가 기재되는 것이 대부분이다.

E, Z 명명법

이중결합에 의한 입체 이성질체(기하 이성질체)를 구별하는 데 앞서 시스, 트랜스라는 용어를 설명했다(74페이지). 그러나 [그림 3.1]과 같은 이중결합이 모두 다른 원자 혹은 원자단이 치환되어 있는 경우에는 2개의 기하 이성질체를 시스, 트랜스로 명확하게 규정할 수 없다.

[그림 3.1] 오른쪽 화합물에서는 CH_3에 대해 Br(브롬 원자)는 트랜스와 관계 있으나 Cl(염소 원자)는 시스의 관계에 있다. 하나하나에 주목해야 할 원자단을 지정하여 그 기하 구조를 정의하도록 되어 있다. 이중결합을 많이 포함한 화합물이 되면 이와 같은 방법에서는 기하 구조를 나타내는 데 복잡한 표기가 필요해진다. 여기서 더 일반적인 기하 구조를 규정하는 방법으로 E, Z 명명법이라고 하는 규칙이 IUPAC(국제순수·응용화학연합)에 의해 정해져 있다. 현재는 관용적으로 시스, 트랜스라고 하는 언어를 사용하는 것은 있지만 정식으로는 E, Z가 이용된다. 그럼 이 E, Z 명명법이란 대체 어떤 것일까? [그림 3.1]과 같이 이중결합의 상대적 위치 관계(기하 구조의 구별)를 나타낼 필요가 있는 부분 X와 Y처럼 각각으로 다음의 순위 규칙에 따라 원자 또는 원자단의 순위를 매긴다. 그리고 그 순위가 높은 것이 이중결합과 같은 측에 있는 경우 Z, 반대 측에 있는 경우를 E라고 규정한다.

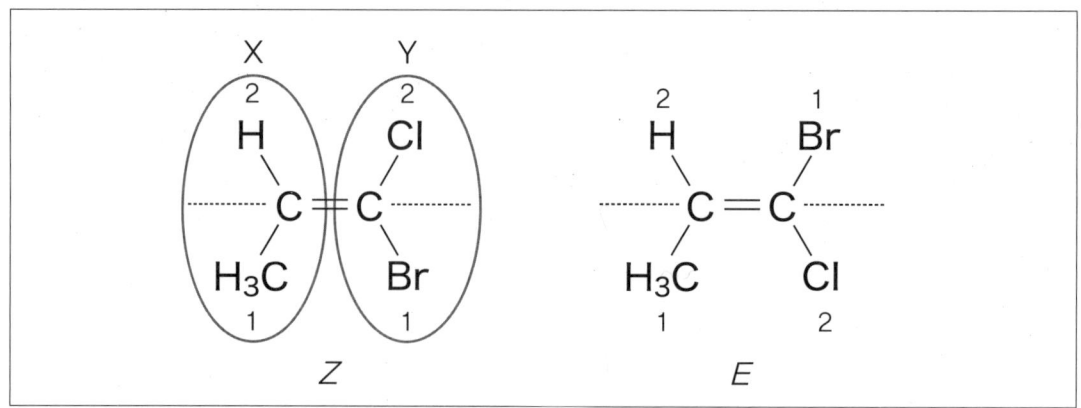

[그림 3.1] 기하 이성질체의 입체 표기법(1)

> **원자 또는 원자단의 우선순위 결정 규칙(순위 규칙)**
>
> 아래 표기한 (1)과 (2) 규칙의 순번에 따라 순위를 정한다.
> 먼저 (1)의 규칙에 순위가 정해지지 않는지를 확인한다. 정해지지 않는 경우에는 다음의 (2)의 규칙에 적용한다. 이렇게 순서대로 결정한다.
> (1) 원자번호가 큰 것을 높은 순위로 한다.
> (2) 정해지지 않은 원자에 결합하고 있는 그 다음의 원자에 대해 (1)과 같이 순위를 정한다. 정해지기까지 비교하는 원자의 순차적으로 펼쳐가 상기 규칙에 적용한다.

위와 같은 규칙에 의해 [그림 3.1]에서 탄소 원자 C와 수소 원자 H면 원자기호가 큰 C가 1위, H가 2위로 또 Cl와 Br에서는 Cl가 2위로 Br의 방향이 1위가 된다. 따라서, 순위가 높은 C와 Br이 같은 방향에 있는([그림 3.1] 왼쪽의 화합물)이 Z, 반대 방향에 있는 경우(우측)이 E의 배치가 된다. 그런데 [그림 3.2]와 같은 경우에는 X 부분은 (1)의 규칙으로 간단하게 순위가 정해지지만 Y 부분은 양쪽 모두 C이기 때문에 순위를 정할 수 없다. 이런 경우에는 더욱 (2)의 규칙에 따라 순위를 정한다.

즉, 한편은 C에 H가 2개, Cl가 1개, 또 다른 한쪽의 C에는 H가 2개, Br이 1개 결합한다. 이 경우에는 Cl와 Br을 비교해 순위를 정하게 된다. 따라서 [그림 3.2]와 같은 순위가 매겨지며, 이 화합물의 입체 배치는 Z 배치가 되는 것이다.

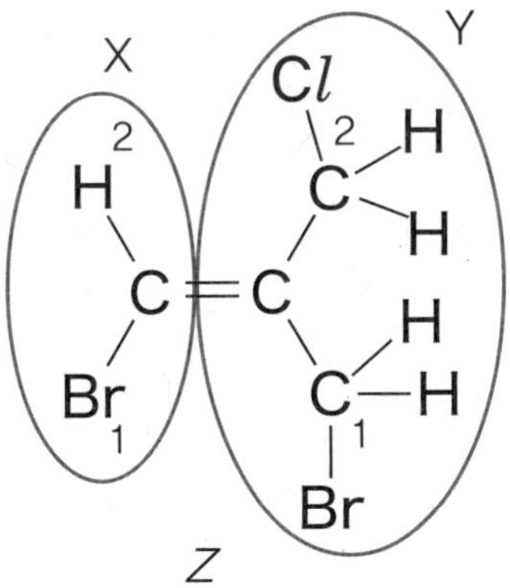

[그림 3.2] 기하 이성질체의 입체 표기법(2)

입체 이성질체의 다양한 표시 방법

구조식에서의 메테인은 [그림 3.3](가)와 같은 표기 방법이다. 그러나 실제로 분자는 [그림 3.4]와 같이 정사면체의 구조로 되어 있다. 이 입체적인 구조를 나타내기 위해 [그림 3.3](나)와 같이 표현한다. 이 방법은 쐐기 표기법이라고 불리는 표현 방법으로 [그림 3.5]에 나타냈다. 이 표현 방법은 유기화합물의 반응이 어떤 구조로 진행되어 가는지를 설명하는 경우에 자주 이용된다.

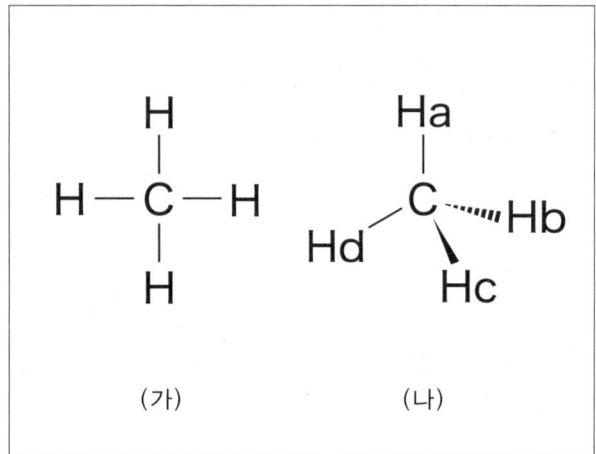

[그림 3.3] 메테인의 평면도와 쐐기 표기법에 의한 입체 구조도

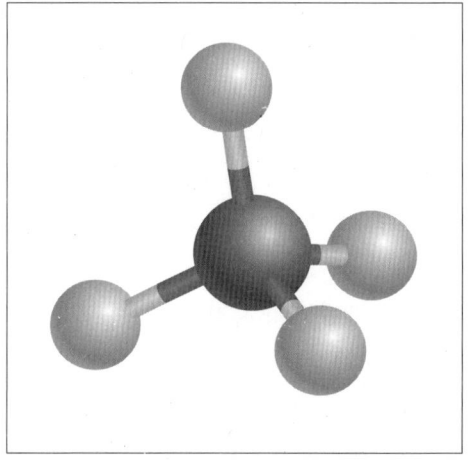

[그림 3.4] 메테인 분자의 정사면체 구조

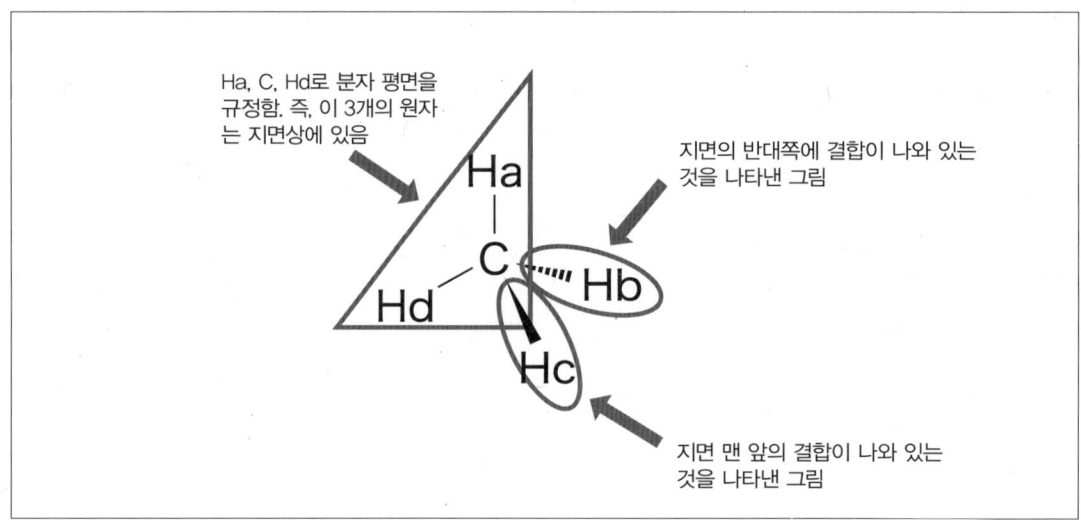

[그림 3.5] 쐐기 표기법에 의한 입체 구성을 그리는 방법

R, S 명명법

부제탄소(비대칭 탄소, Asymmetric Carbon) 원자를 갖는 화합물에는 거울과 관련한 모든 거울상 이성질체가 존재하는데 이 두 개의 입체 구조는 선광도의 +와 -로는 규정할 수 없다. 선광도란 진동면에 모인 빛(편광이라고 한다)을 일정한 방향으로 회전시키는 성질(선광성)로 회전한 각도를 말한다. 오른쪽으로 회전하는 경우를 우선성이라고 하며, +각도로 표시한다. 반대로 왼쪽으로 회전하는 경우에는 좌선성이라고 하며, -의 각도로 표시한다.

이렇듯 빛에 대한 성질이 다르다는 것으로부터 광학 이성질체라고 불리기도 한다. 단, 광학 이성질체 안에는 거울과 관계가 없는 것도 있다. 즉 거울상 이성질체는 광학 이성질체 중 하나인 것이다. 이 선광도로 입체 배치를 규정할 수 없다고 한다면 어떻게 규정해야 할지에 대한 생각에서 고안된 것이 R, S 명명법이다.

[그림 3.6]을 통해 R, S 명명법에 대해 설명한다. 비대칭 탄소 원자에 결합되어 있는 원자(혹은 원자단)에 순위를 매긴다. 순위를 매기는 방법은 앞서 설명한 E, Z 명명법에서 설명한 것과 같은 규칙으로 원자번호가 큰 것에서부터 [그림 3.6] 오른쪽 그림과 같이 순서를 가장 낮은 원자, 여기서는 불소 원자 F를 내가 보는 쪽에서 반대 방향으로 즉, [그림 3.6]의 왼쪽 그림에 나타낸 것처럼 표시를 한 방향에서 분자를 보도록 한다. 그 결과 [그림 3.6] 왼쪽 하단에 나타낸 것처럼 보일 것이다. 다음으로 이 그림에서 전에 정한 우선순위를 따라 거친다. 그때 오른쪽으로 회전하는 경우에는 R 배치, 왼쪽 회전으로 도는 경우는 S 배치로 규정한다. 이와 같이 하면 부제탄소 원자 주변의 입체 구조를 규정할 수 있다.

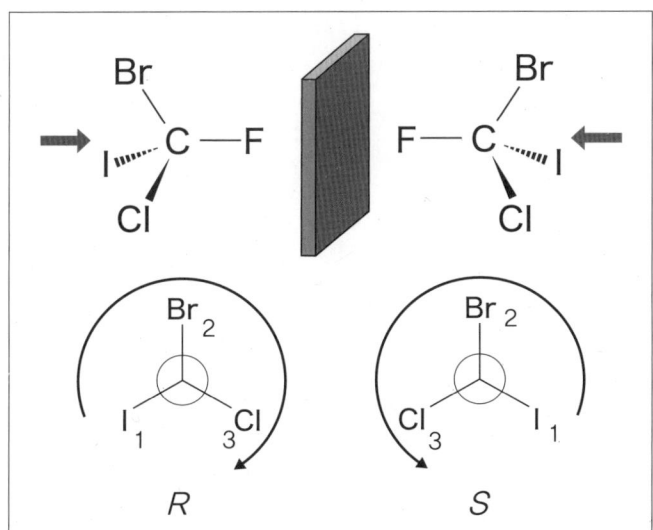

원소기호	원자번호
F	9
Cl	17
Br	35
I	53

[그림 3.6] 부제탄소 원자의 입체 배치 규정 방법: R, S 명명법

거울상 이성질체 사이에는 분자의 상대적인 상호작용에 의해 정해지는 융점과 같은 물질의 성질이나 화학 반응성에는 기본적으로 차이가 없다. 이렇게 쓰면 화학적으로는 그다지 중요하지 않은 것처럼 생각하기 쉽다. 그러나 사실 생체 안에서는 굉장히 중요한 것이다. '생체의 유기화학'에서 설명한 것처럼 생체의 단백질을 구성하는 20종류 α-아미노산 중, 하나의 아미노산을 제외한 나머지 19종류의 아미노산에는 부제탄소 원자가 존재한다. 즉 아미노산에는 거울상 이성질체가 존재하는 것이다. 더욱이 생명에 필요한 아미노산은 이 거울상 이성질체 중 하나로 자연계에서는 한 종류의 이성질체만 사용되어 왔으며, 아미노산에서 단백질이 만들어져 생명에 필요한 다양한 활동을 하고 있다. 거울상 이성질체가 생명활동의 열쇠를 갖고 있다고 해도 좋다.

입체 배좌

1. 쐐기 형태 알케인의 입체 배좌

C=C 이중결합을 갖는 화합물(알켄)은 시스체와 트랜스체의 기하 이성질체가 존재할 가능성이 있다. 탄소와 탄소가 이중결합으로 연결되어 있기 때문에 이 결합 주위를 회전하면 이중결합의 2개의 결합 중 π결합이 나뉘어져 버린다. 즉, 2개의 이성질체 사이에는 넘어서는 안 되는 큰 에너지 벽이 존재한다. 따라서 실온에서 2개의 이성질체는 각각 다르게 존재하고 상호 교류되는 것은 없다.

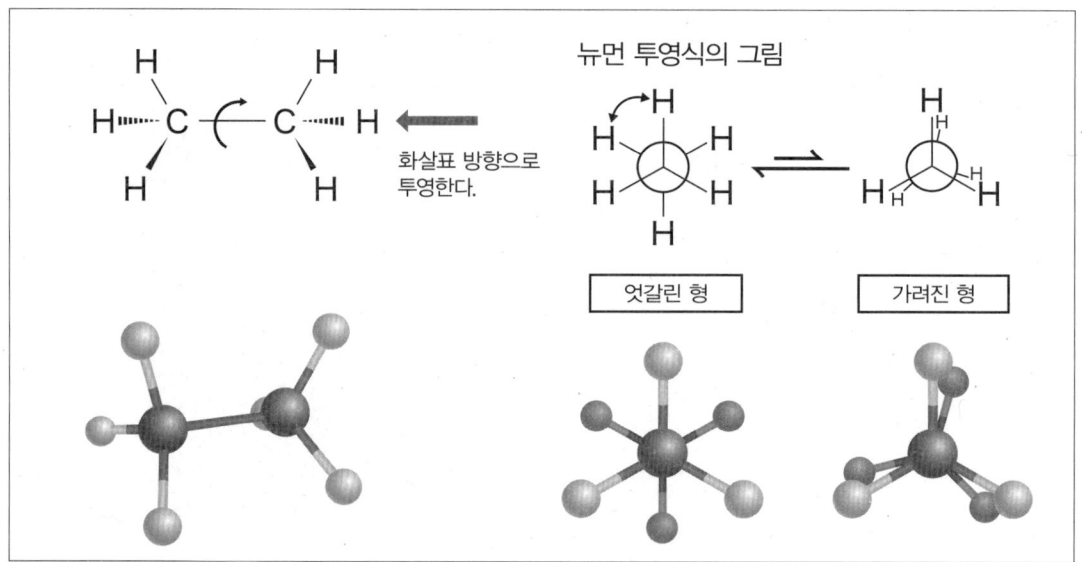

[그림 3.7] 에테인 분자의 입체 배좌

한편, C-C 단일결합에는 아무리 결합 주위의 회전을 해도 결합에 관계되어 있는 전자의 겹쳐짐에는 전혀 영향이 없다. 따라서 기하 이성질체와 같은 크기의 에너지로 나누어져 있는 이성질체는 존재하지 않는다. 즉 실온에서 C-C 단일결합은 자유롭게 회전하게 되는데 이것을 자유회전이라고 한다. 그러나 더 작은 에너지의 차이를 갖는 형태 이성질체라고 하는 것이 존재하고 있다. 이것에 대해 에테인 분자를 예로 설명한다.

에테인 분자를 화살표 방향에서 바라본 [그림 3.7]과 같은 그림을 뉴먼 투영식의 그림이라고 한다. 이 그림에서는 바로 앞에 탄소 원자를 점으로, 반대쪽의 탄소 원자를 큰 동그라미로 표시한다.

이 그림을 보면 접해 있는 두 개의 탄소 원자에 결합한 수소 원자의 상대적 위치 관계 상태가 몇 가지 더 존재한다는 것을 알 수 있다. 쉽게 상상할 수 있다고 생각하지만 가려지는 형태가 수소 원자가 가까이 있어 비좁은 느낌이 들 것이다. 사실 가려지는 형태쪽이 엇갈린 형태보다 다소 불안정해진다. 이와 같은 입체적인 구조의 차이를 형태 이성질체라고 한다. 이에 대해 기하 이성질에 의한 차이를 입체 배치라고 하여 구별하고 있다.

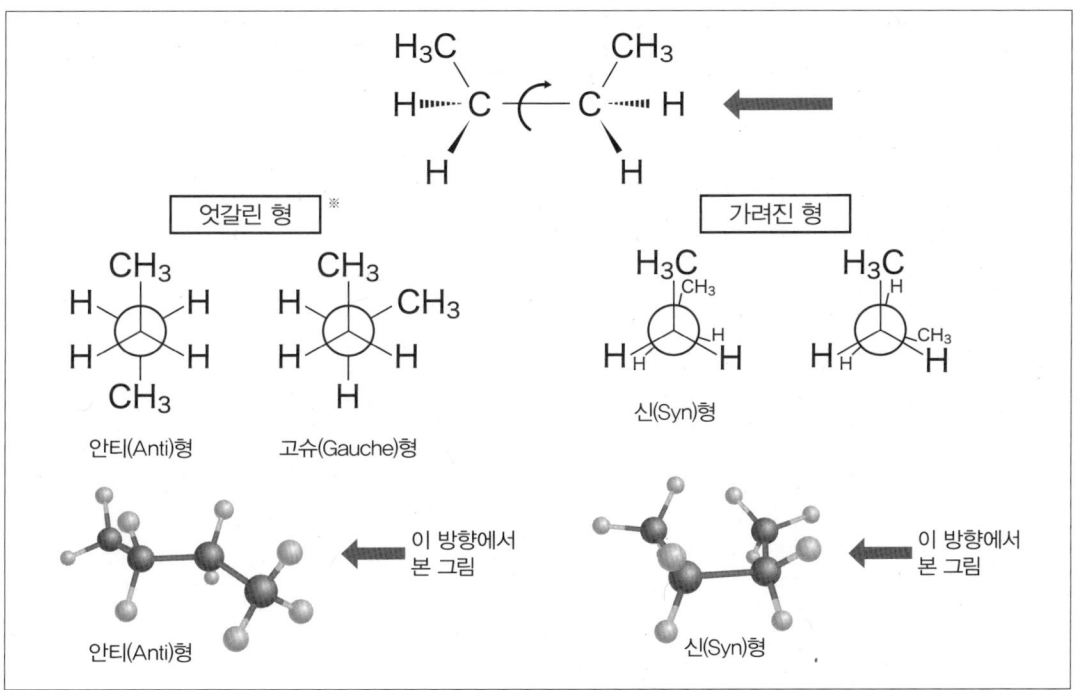

[그림 3.8] 뷰테인 분자의 입체 배좌

※ 엇갈린 형태 중 2개의 CH₃의 위치 관계가 뉴먼 투영법의 그림에서 60°의 각도로 옆에 것과 같은 형태를 고슈(Gauche)형(엇갈린 형), 상호역 방향으로 향한 형태를 안티(Anti)형(가려진 형)이라고 한다.

조금 더 자세히 형태 이성질체에 대해 보면, [그림 3.8]은 에테인 2개의 수소가 메틸기로 대체한 뷰테인의 입체 형태(배치)의 전형적인 이성질체를 표현한 것이다. 뷰테인의 경우 각각의 엇갈린 형태와 가려진 형태에 2개씩 형태 이성질체가 예상된다. 특히 CH_3와 CH_3가 겹쳐진 것은 보다 큰 입체적인 반발을 낳아 다른 이성질체보다도 불안정하게 되는 것을 알 수 있다. 이처럼 중복되는 부분의 구조가 커지면서 C-C단일결합의 회전이 어려워진다. 즉 에테인에 비해 입체 이성질체 사이에 에너지의 차이가 조금 커지게 된다.

이렇게 치환기를 점점 더 크게 하면 C-C단일결합의 회전이 점점 압축되어 실온에서도 배좌 이성질체가 각각에 존재할 수 있게 된다. 그러나 이렇게 되는 것은 극히 드문 일로 통상적으로 C-C결합은 자유롭게 회전하고 있다.

2. 사이클로헥세인의 입체 이성질체

입체 이성질체는 고리 모양 탄화수소의 구조에 있어 중요한 역할을 한다. [그림 3.9]에는 탄소 6개로 형성되어 있는 사이클로헥세인의 입체 이성질체를 나타냈다. 사이클로헥세인에는 탄소 원자가 무리 없이 정사면체 구조를 갖는 형태로 2개의 형태(배좌)가 존재한다.

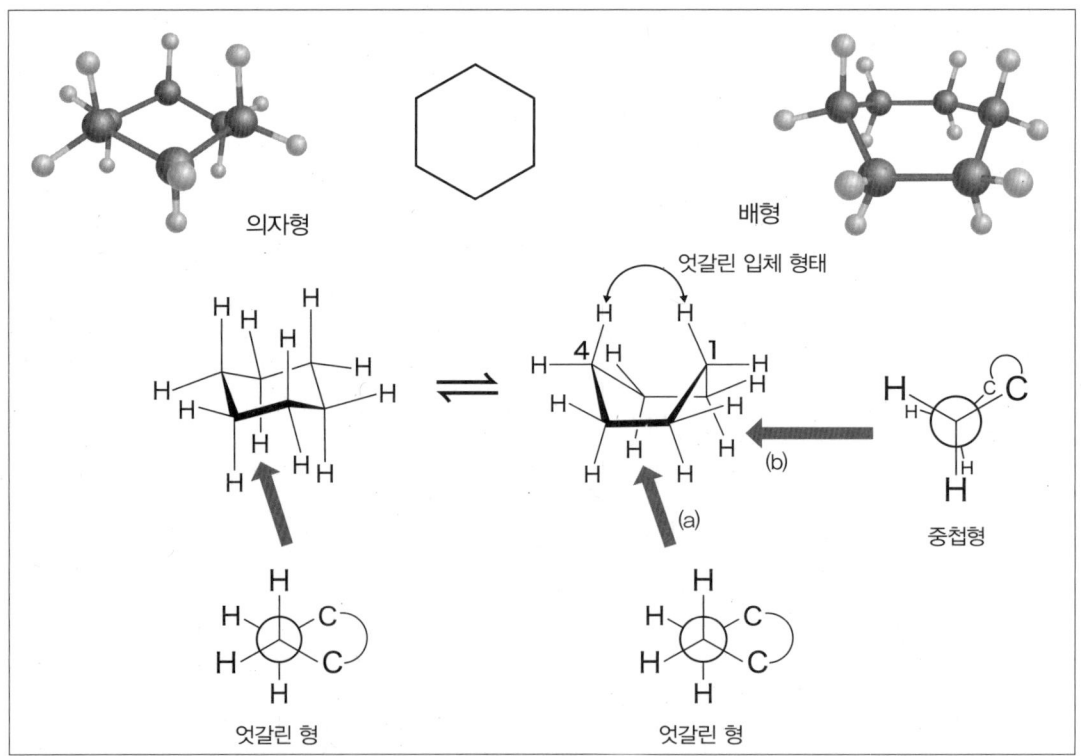

[그림 3.9] 사이클로헥세인 분자의 입체 배좌

의자형과 배형으로 이 양자 중 안정된 배좌는 어느 쪽인지 알기 위해 [그림 3.9]의 화살표로 표시한 방향에서 본 뉴먼 투영식의 그림으로 나타냈다. 의자형에서는 모두 엇갈린 의자 형태로 되어 있다. 그러나 배형에서는 한쪽이 중복된 형태라는 것을 알 수 있다. 더욱이 배형에서는 깃대수소라고 불리는 1위와 4위의 탄소에 결합해 있는 수소 원자가 [그림 3.9]에 표현되어 있는 것처럼 접근해 있기 때문에 엇갈린 입체를 만들어낸다. 이 때문에 의자 형태보다 안정적이다. 즉, 사이클로헥세인 분자에서 가장 안정적인 형태는 의자형이 된다.

입체 형태는 입체 배치에 비해 이성질체 간의 에너지의 차이가 극히 적다. 그러나 유기화학의 반응에서는 대단히 중요한 역할을 하고 있다. 그것에 대해서는 제5장 유기화합물의 반응에서 설명한다.

> 칼럼

입체 구조의 변화로 물질의 냄새가 바뀐다

이 장에서는 유기화합물의 구조에 대해 설명했다. 우리는 직접 분자 형태의 차이를 구분해 낼 수 없지만 간접적으로 분자 형태의 차이를 알 수 있다. 그것이 바로 물질의 냄새이다. 냄새를 표현하는 언어는 주로 냄새, 향기, 악취 세 가지 종류가 있다. 냄새는 일반적인 언어라고 할 수 있으며, 향기는 꽃의 향기, 감귤류의 향기 등 바람직한 냄새를 표현하는 데 사용한다. 한편, 악취라는 단어는 불쾌한 냄새를 표현할 때 쓰인다.

사람이 냄새를 느낀다고 하는 것은 무엇일까? 냄새를 맡기 위해서는 냄새의 기본이 되는 유기 분자가 필요하다. 냄새 분자가 코에 있는 냄새를 맡는 부분(냄새 수용체)에 접촉하고부터 시작된다. 다음으로 이 수용체에서 신경에 전달하여 뇌에 도달해 사람은 처음으로 냄새를 인식하게 된다. 이때 중요한 것은 냄새를 느끼는 최종 단계는 사람의 뇌에서 판단하며, 이렇게 냄새에 따라 좋고 싫음이 분별된다. 한편 우리들이 공통적으로 싫어하는 냄새나 불쾌함을 느끼는 최종 단계의 냄새도 있다. 냄새를 느낀다고 하는 것은 굉장히 미묘한 부분이다. 다음의 예는 누구나 그렇게 느낄 수 있는 종류의 냄새이다. 풀을 밟았을 때는 풀 냄새가 나는데 이 냄새의 근원은 무엇일까?

실제로 많은 향기 물질이 모여 풀 냄새를 맡을 수 있게 된다. 이 냄새를 구성하는 화합물 중에서도 중요한 물질은 청엽 알코올이라고 부른다. 그 구조는 유기화합물로서는 비교적 간단한 것으로, 사슬형 불포화 탄화수소의 시스3-헥센-1-올이다. 탄소 수 6개로 되어 있는 사슬형 알콜로 분자 구조 속에 이중결합이 1개 있다. 이 때문에 기하 이성질체가 존재한다. 그것의 이성질체는 트랜스-3-헥센-1-올이다. 이 화합물은 지방취를 나타내며, 시스형과는 전혀 다른 냄새의 특징을 가진다. 이 두 화합물은 그림에 나타낸 분자 모형에서 알 수 있듯이 그 분자의 입체적인 형태가 다르다. 인간은 이와 같은 작은 분자 구조의 차이를 후각으로 구별하고 있으며, 이 외에도 다양한 방법으로 분자 구조의 차이를 구별하고 있다.

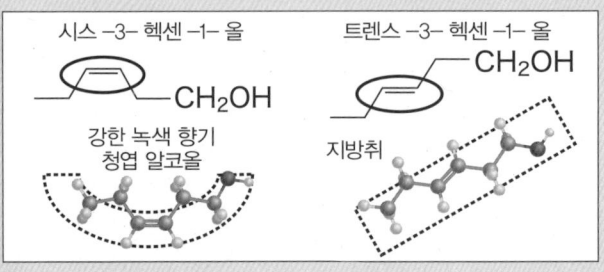

[그림] 청엽 향기를 갖는 유기 분자
시스-3-헥세놀과
기하 이성질체

제 4 장
유기화합물의 성질

4.1 물에 녹는 것과 기름에 녹는 것(친수성·친유성)

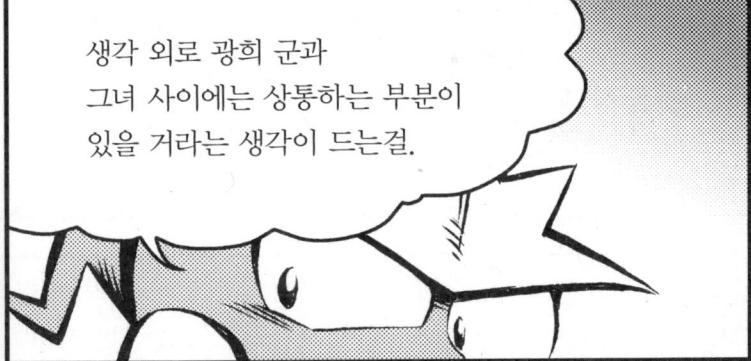

제4장 유기화합물의 성질

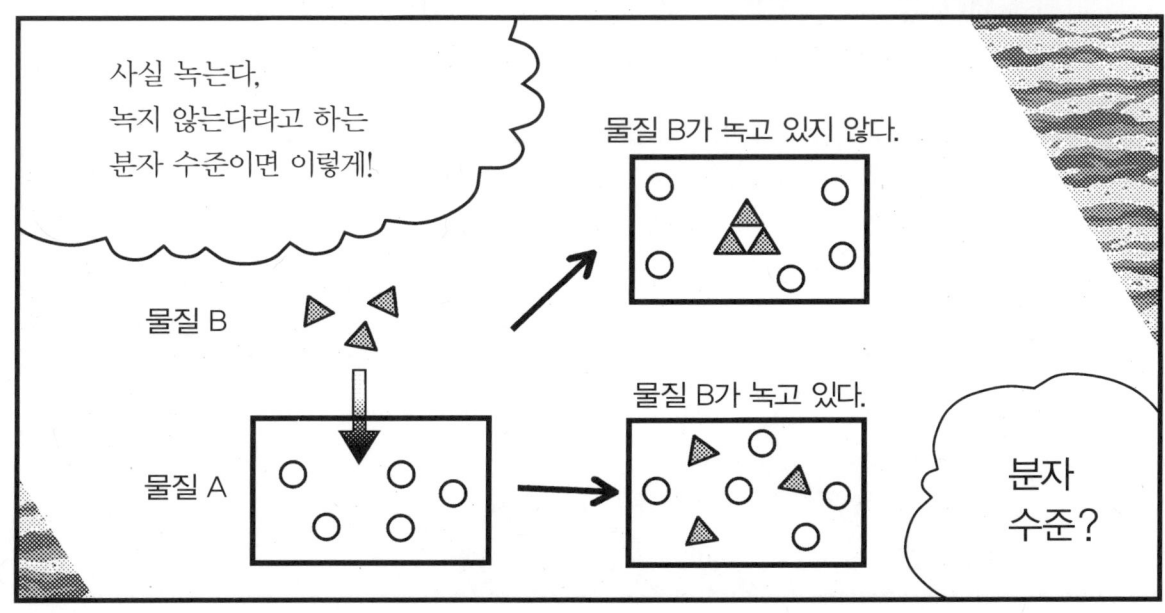

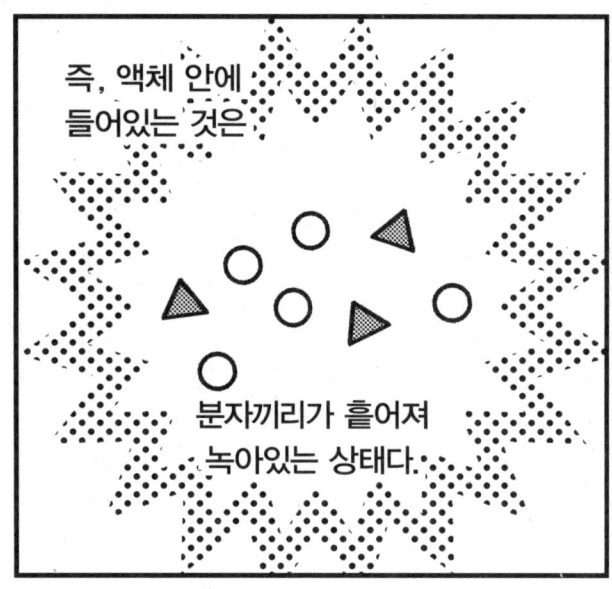

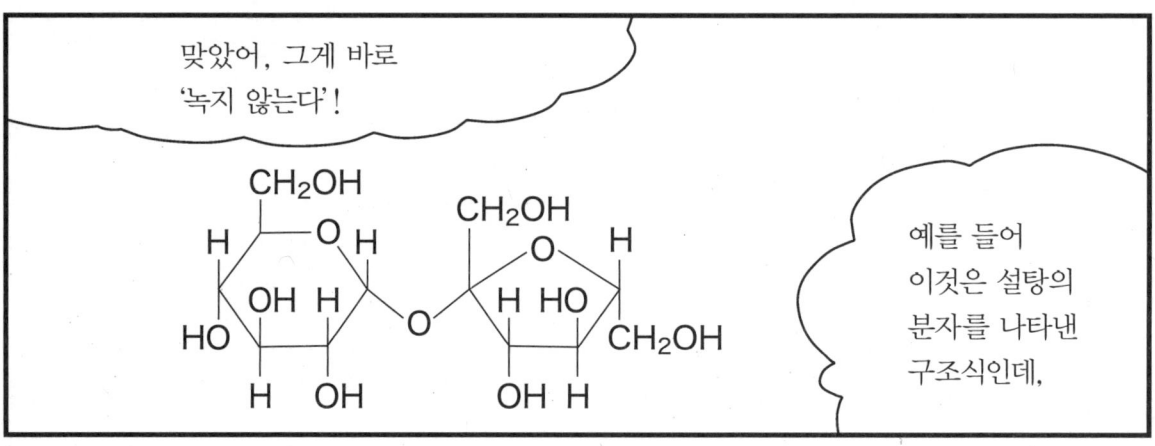

그렇다면 광희 군, '물'의 화학식은 어떻게 되지?

엥? 'H_2O'잖아요.

그렇지! 즉, 물 분자도 하이드록시기와 마찬가지로 수소 원자와 산소 원자로 되어있는 거야.

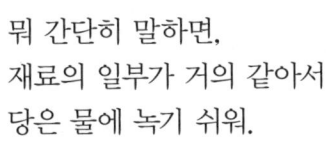
뭐 간단히 말하면, 재료의 일부가 거의 같아서 당은 물에 녹기 쉬워.

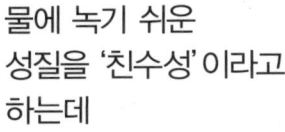
물에 녹기 쉬운 성질을 '친수성'이라고 하는데

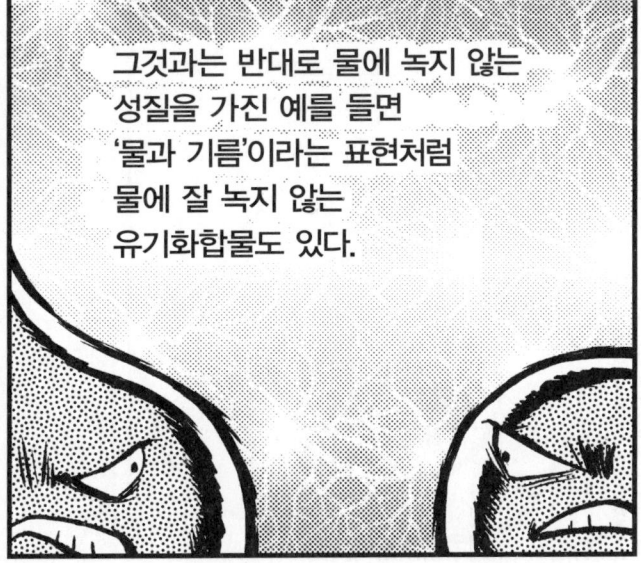
그것과는 반대로 물에 녹지 않는 성질을 가진 예를 들면 '물과 기름'이라는 표현처럼 물에 잘 녹지 않는 유기화합물도 있다.

제4장 유기화합물의 성질

이것은 버터를 구성하고 있는 지방산 중 하나인 올레산의 분자이다.

COOH

친유성(소수성)

탄소 원자가 긴 연쇄 결합한 구조로 하이드록시기가 적기 때문에 물에 녹지 않는다.

한편 올레산은 마찬가지로 탄화수소가 기본으로 되어 있는 석유를 비롯한 다른 기름에는 녹는다.

올레산
석유

이 물질을 '**친유성**' 또는 '**소수성**'이라고 하며,

기름끼리 결합하는 것으로 여러 종류의 식용유가 섞인 샐러드오일 같은 것도 만들 수 있다.

그러나 올레산에도 하이드록시기는 함유되어 있다.

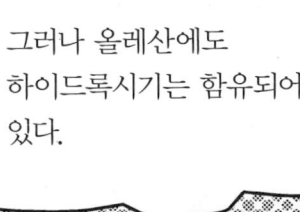

친수성과 친유성을 갖는 유기화합물은 많지만….

분자 내 화합물의 성질은 힘의 관계에 의해 결정된다.

그 힘의 관계는 탄소의 수가 다른 알콜끼리 비교해 보면 알기 쉬워.

알콜	화학식	용해도[※]
에탄올	C_2H_5OH	잘 녹는다.
프로판올	$n-C_3H_7OH$	잘 녹는다.
부탄올	$n-C_4H_9OH$	8 g
펜탄올	$n-C_5H_{11}OH$	2 g

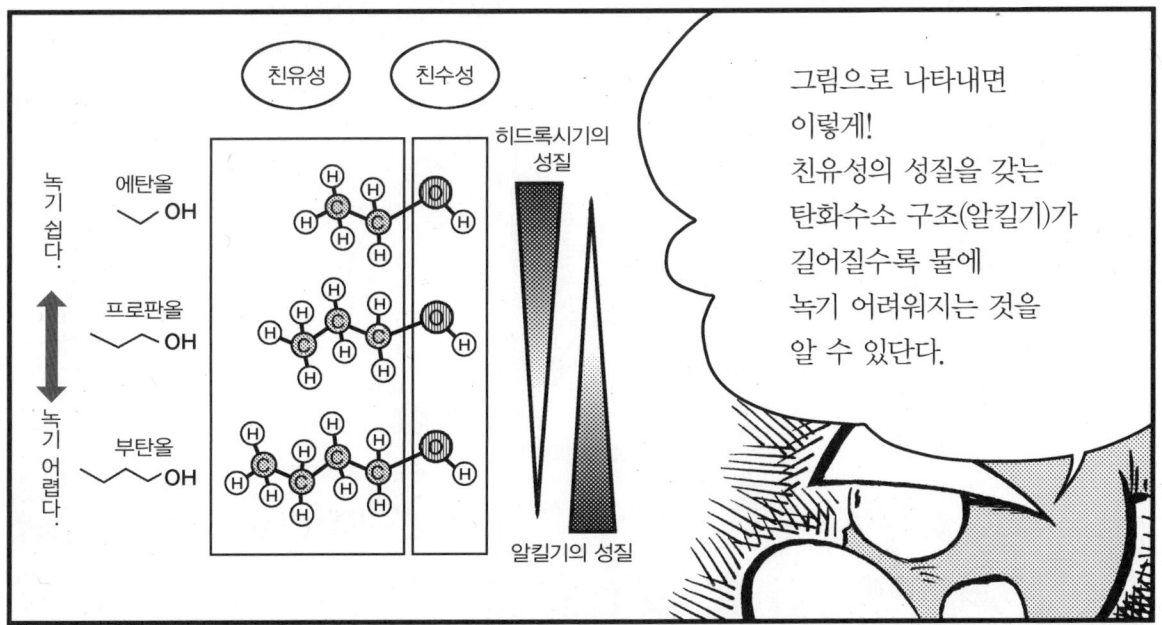

그림으로 나타내면 이렇게! 친유성의 성질을 갖는 탄화수소 구조(알킬기)가 길어질수록 물에 녹기 어려워지는 것을 알 수 있단다.

※물 100g에 대해 녹는 양을 g로 표현한 것.

4.2 비등점의 차이가 생기는 원인
(분자 간의 상호작용·분극한 결합)

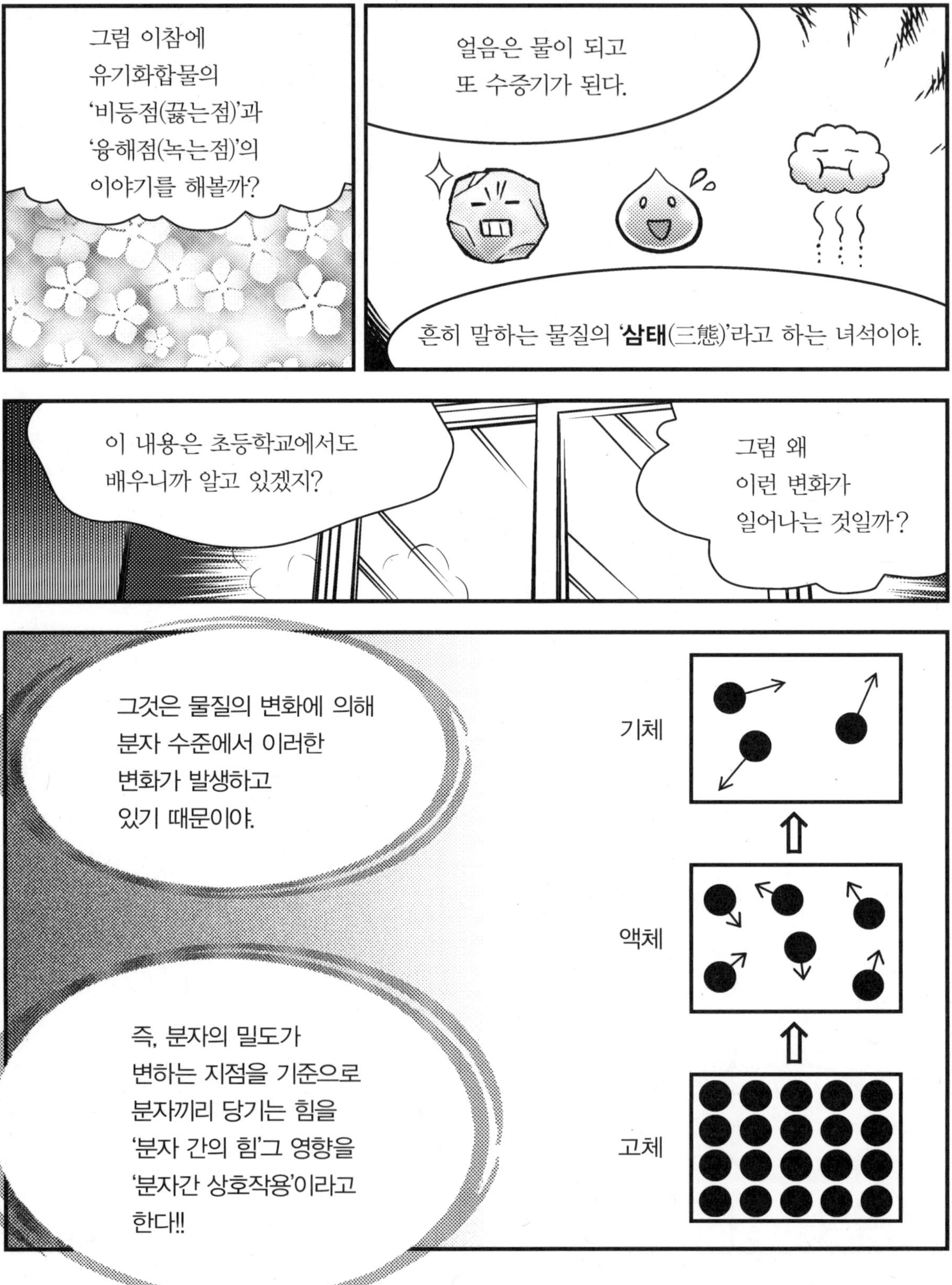

그럼 이참에 유기화합물의 '비등점(끓는점)'과 '융해점(녹는점)'의 이야기를 해볼까?

얼음은 물이 되고 또 수증기가 된다.

흔히 말하는 물질의 '**삼태**(三態)'라고 하는 녀석이야.

이 내용은 초등학교에서도 배우니까 알고 있겠지?

그럼 왜 이런 변화가 일어나는 것일까?

그것은 물질의 변화에 의해 분자 수준에서 이러한 변화가 발생하고 있기 때문이야.

기체

액체

고체

즉, 분자의 밀도가 변하는 지점을 기준으로 분자끼리 당기는 힘을 '분자 간의 힘' 그 영향을 '분자간 상호작용'이라고 한다!!

분자 간의 힘에 의해 물질은 고체가 되지만

여기에 열이 가해지면 분자는 다른 분자들과 떨어져

각각 운동 에너지를 얻어 분자 간의 힘을 흔들어 액체나 기체로 변한다!

고체에서 액체가 되는 온도가 '**융해점**(녹는점)'이고 액체에서 기체가 되는 온도가 '**비등점**(끓는점)'이다.

유기화합물에는 분자 중 전기적으로 편극이 존재하는 '**극성 분자**'와 편극이 거의 없는 '**후극성 분자**'가 있다.

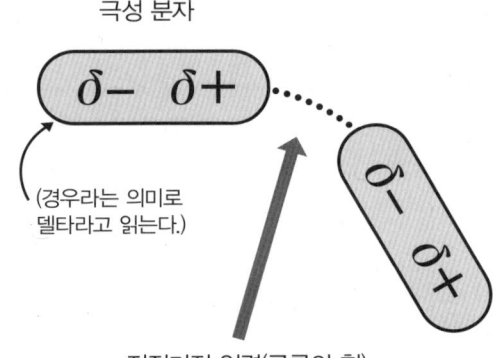

극성 분자 사이에는 전하를 서로 당김으로써 생겨나는 '**정전기적 인력(쿨롱의 힘)**'이라고 하는 분자 간의 힘이 작용한다.

한편, 무극성 분자 사이에 정전기적 인력은 없지만 '반데르발스 힘' 이라고 하는 분자 간의 힘이 생겨난다.

반데르발스!!

반데르발스 힘은 정전기적 인력보다는 약하지만

물질의 비등점이나 융해점을 결정하는 중요한 요인이다.

아~ 그러고 보니 유기화합물이란 원자끼리 전자를 공유하고 결합했었죠.

맞아! 그렇지 광희 군!!

제 앞에서 일어서지 말아주세요!!

빠직!!

제4장 유기화합물의 성질

주기	1족	2족	13족	14족	15족	16족	17족	18족
1	H 2.1							He
2	Li 1.0	Be 1.6	B 2.0	C 2.5	N 3.0	O 3.5	F 4.0	Ne
3	Na 0.9	Mg 1.2	Al 1.5	Si 1.8	P 2.1	S 2.5	Cl 3.0	Ar

주기율표에서 오른쪽 상단으로 갈수록 전기음성도도 높아진다.

만화로 쉽게 배우는 **유기화학**

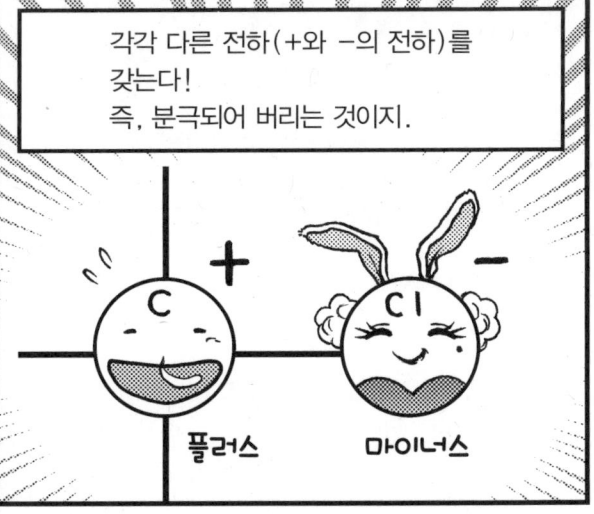

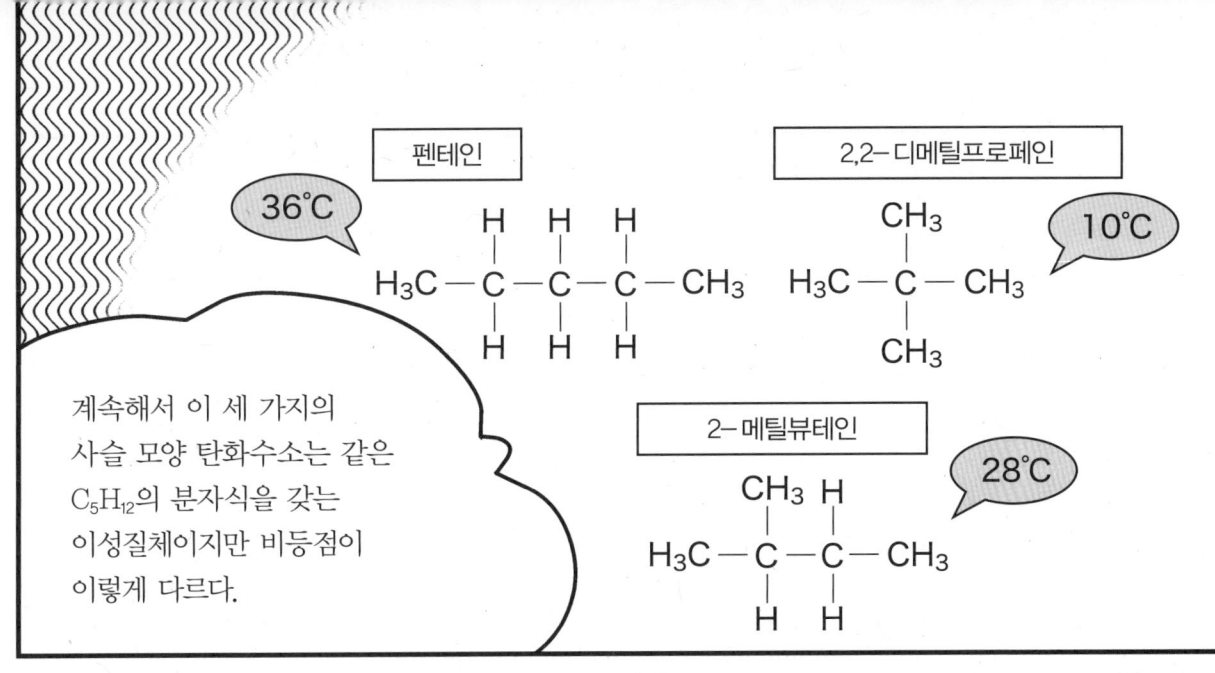

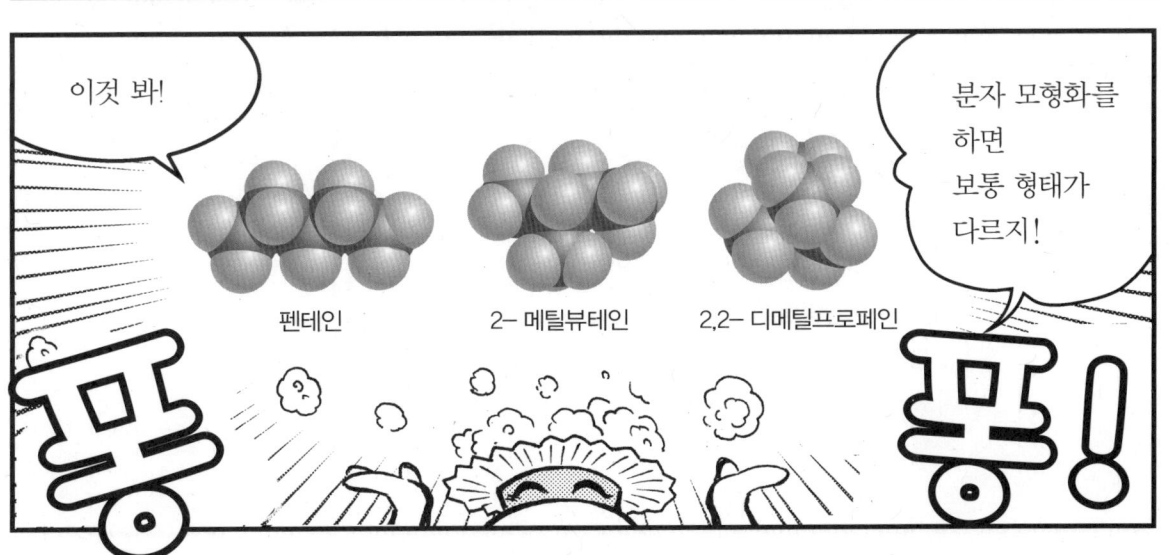

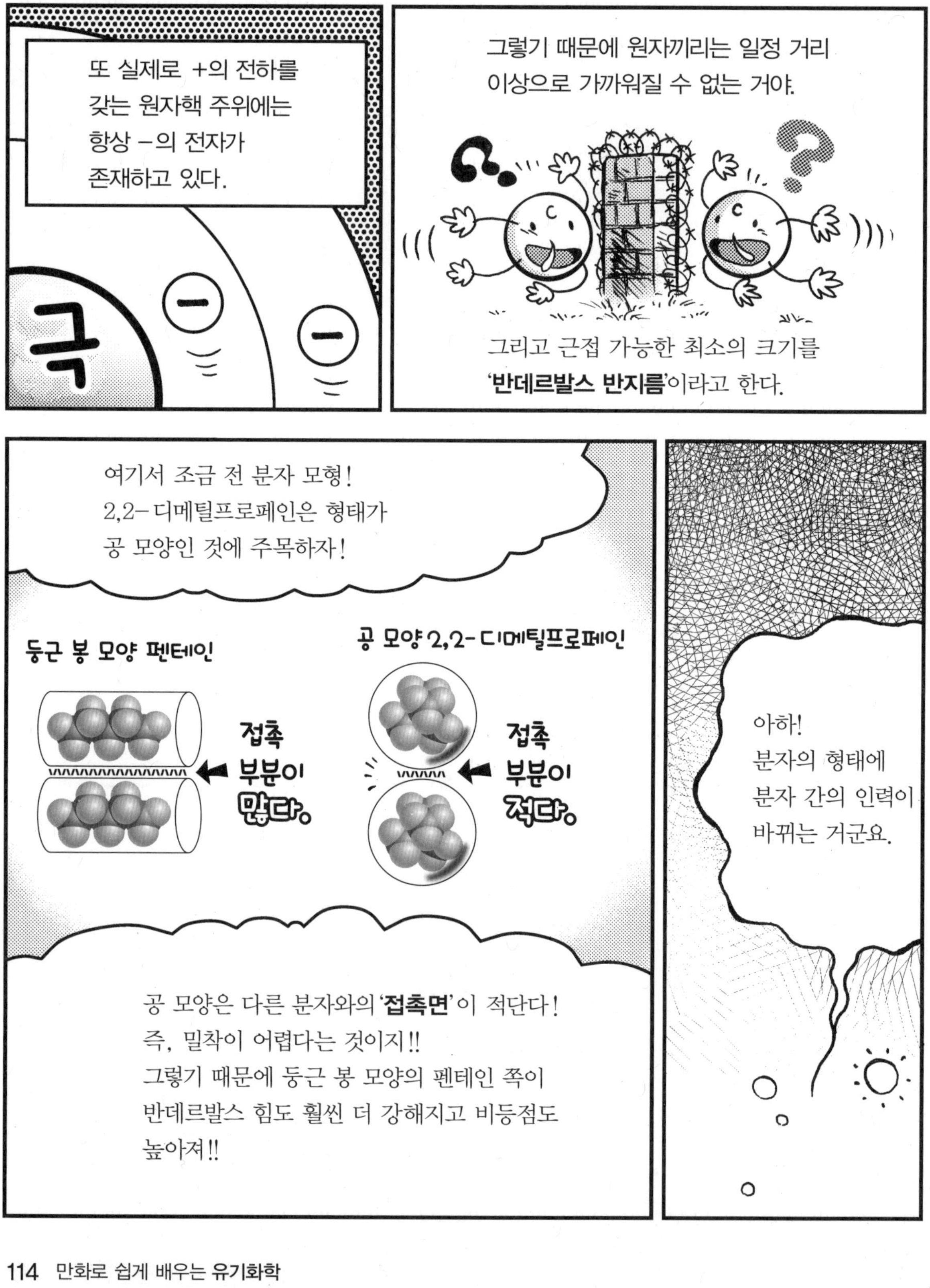

또 실제로 +의 전하를 갖는 원자핵 주위에는 항상 −의 전자가 존재하고 있다.

그렇기 때문에 원자끼리는 일정 거리 이상으로 가까워질 수 없는 거야.

그리고 근접 가능한 최소의 크기를 **'반데르발스 반지름'**이라고 한다.

여기서 조금 전 분자 모형! 2,2−디메틸프로페인은 형태가 공 모양인 것에 주목하자!

둥근 봉 모양 펜테인 — 접촉 부분이 많다.

공 모양 2,2−디메틸프로페인 — 접촉 부분이 적다.

아하! 분자의 형태에 분자 간의 인력이 바뀌는 거군요.

공 모양은 다른 분자와의 **'접촉면'**이 적단다! 즉, 밀착이 어렵다는 것이지!! 그렇기 때문에 둥근 봉 모양의 펜테인 쪽이 반데르발스 힘도 훨씬 더 강해지고 비등점도 높아져!!

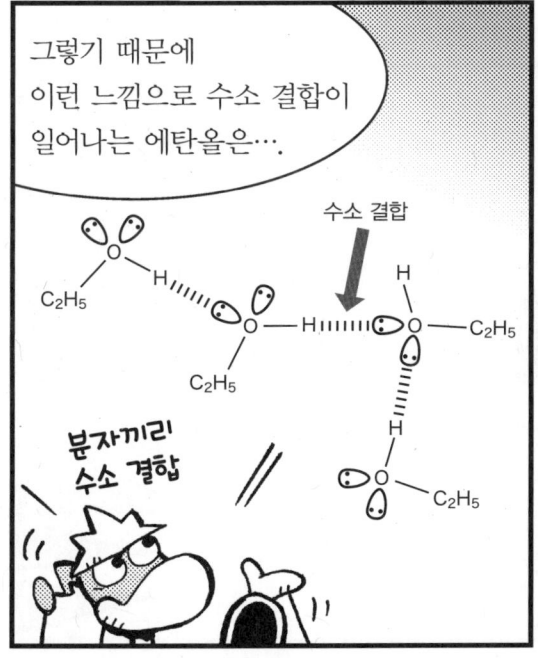
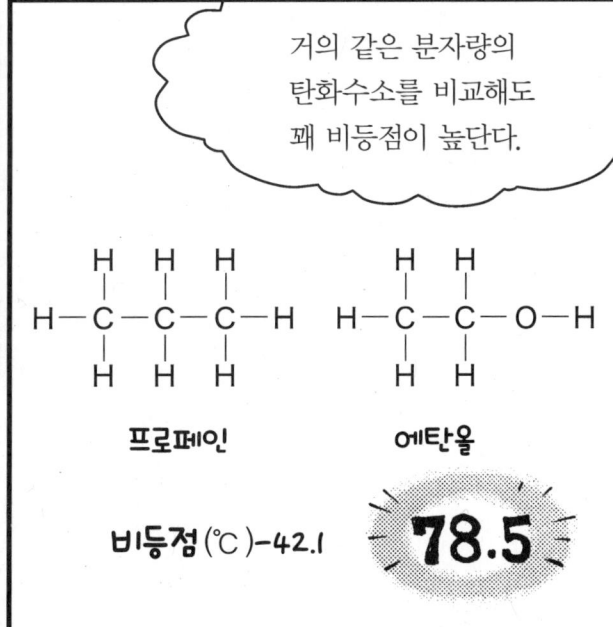

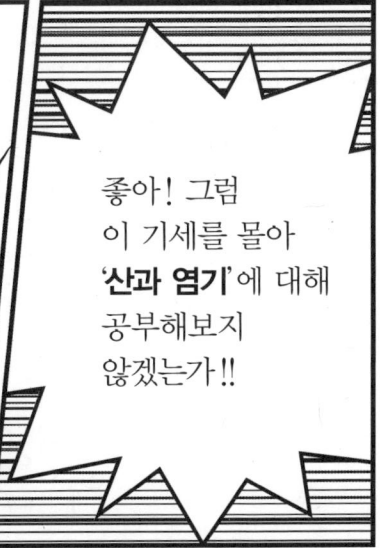

일부 산과 염기에 대한
정의 중

정의	산	염기
아레니우스의 산 / 염기	H+를 내는 분자	OH−를 내는 분자
브뢴스테드−로리 산 / 염기	H+를 주는 분자	H+를 받는 분자
루이스의 산 / 염기	전자쌍을 받는 분자	전자쌍을 주는 분자

최근에는 일반적으로 수소 이온(H+양성자)의 주고받음에 주목한 '**브뢴스테드−로리의 정의**'가 사용되고 있다.

유기화학에서는 전자쌍 이온의 '**루이스의 정의**'로 생각해야 한다!

전자쌍?

그래!

이 그림은 하이드로늄 이온의 생성을 나타내고 있다.

전자쌍의 이동을 나타내고 있다.

물의 분자가 염기인 것은 모든 정의가 동일하지만

실제로 물 분자가 수소이온에 갖고 있는 전자쌍을 전해주어 공유결합되어 있다.

4.4 정육각형의 구조를 갖는 벤젠이라는 방향족 화합물

그것에 입각해 전자쌍을 받은 수소 이온 자체를 산으로 하는 것이 **'루이스의 산과 염기의 정의'** !!

이 연속은 Follow-up에서 상세하게 설명!

유기화합물에는 변하는 성질을 갖고 있는 것도 있네.

← 수소 원자
← 탄소 원자

예를 들어, 이런 모양을 갖춘 정육각형의 벤젠!

벤젠과 같은 유기화합물은 **'방향족 화합물'** 이라고 불린다.

실제로 벤젠은 헥사트리엔의 끝과 끝 1위와 6위가 결합한 화합물이다.

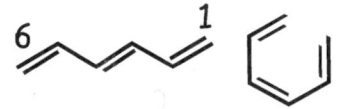

헥사트리엔

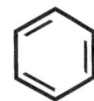

사이클로 헥사트리엔

방향족 화합물은 이중결합으로 연결되어 있어 그 중에도 π전자가 균등하게 공유할 수 있기 때문에 매우 안정적이다.

제4장 유기화합물의 성질

Follow-up

이 장에서는 유기화합물의 성질 중 특이한 사항에 대해 설명한다. 다소 이해하기 어려운 개념이지만 유기화학 분야에서 중요한 부분이다.

⬢ 산과 염기

[그림 4.1]에 나타낸 화학 반응식에는 정반대의 화살표 2개가 있다. 왼쪽의 A+B에서 C+D로 향한 화살표는 물질 A와 B가 반응하고 물질 C와 D를 생성하는 반응을 의미하며, 그 반대는 물질 C와 D가 반응해 물질 A와 B를 생성하는 반응을 나타낸다. 그런 모습을 간단하게 표현한 것이 [그림 4.2]이다. 용액 속에 존재하고 있는 물질 A와 B는 계속해서 물질 C와 D로 변화하고 있다. 반면 물질 C와 D도 계속해서 물질 A와 B로 변화하고 있다. 즉 두 개의 진행 방향이 완전히 반대되는 반응이 동시에 일어나고 있는 것이다. 그리고 더욱 물질 A와 B에 존재하고 있는 수(물질량※)와 물질 C, D가 존재하고 있는 수(물질량)가 일정하게 변화하고 있지 않은 상태인 경우, 이 상태를 물질 A, B와 물질 C, D는 평형 상태에 있다고 한다. 그리고 이러한 반응계를 평형계, 이 반응을 평형 반응이라 하고, 그림과 같이 2개의 화살표로 나타낸다. 상태에 있는 경우에는 외관상 물질 A와 B에 존재하는 수(물질량)와 물질 C와 D가 존재하는 수(물질량)는 변화하지 않기 때문에 반응하지 않는 것처럼 보이지만 실제로는 변화하고 있는 것이다.

※ 몰을 단위로 표현한 입자의 양.

$$A + B \rightleftharpoons C + D$$

[그림 4.1] 평형 반응

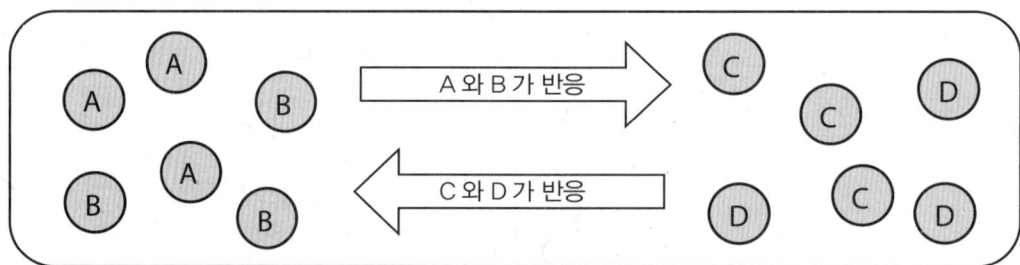

[그림 4.2] 화합물 A, B와 화합물 C, D가 평형 관계에 있는 것을 표현한 모식도

1. 평형을 이용한 산과 염기를 취급하는 방법

[그림 4.1]의 평형 상태를 표현하는 척도로서 (식 1)에 나타낸 평형 상수 K가 사용된다. [ ]는 각각 물질의 농도(그 계에 존재하고 있는 분자의 수)로 통상적으로는 몰 농도가 사용된다. 즉 [A]라고 하는 것은 이 평형계에서 물질 A의 몰 농도를 나타낸다. 또 (식 1)에서 [그림 4.1]의 평형 반응식의 좌측의 물질을 분모, 우측의 물질은 분자에 쓴다.

평형 상태에 있으면 외견상 물질 A, B 및 물질 C, D의 농도의 변화는 보이지 않는다. 그러나 온도를 변경하면 물질 A, B에서 물질 C, D로의 변화 비율(속도)이 물질 C, D에서 물질 A, B로의 변화비율(속도)보다 커진다.

그 결과 물질 A, B의 농도가 감소하고, 물질 C, D의 농도가 증가한다. 그리고 어느 곳에서는 외견상 물질 A, B 및 물질 C, D의 농도 변화는 보이지 않게 된다. 이때 K의 값은 본래의 값보다 커지는데, 이와 같은 상태의 변화를 이 평형계의 평형은 '오른쪽으로 이동했다.'라고 표현한다. 이 변화는 반대의 경우도 있는데 어느 쪽이든 통상 온도가 일정한 상태로 이 평형계에는 밖에서부터 A, B, C, D 이외의 물질이 들어있지 않으면 K의 값은 일정해진다. 즉 K의 값은 온도에 의해 결정되는 상수이다. 유기화학에서는 이 평형의 사고방식으로 산성이나 염기성을 생각한다. 유기화합물의 산과 염기는 [그림 4.1]의 물질 A와 물질 B에 해당한다. 이것을 구체적인 분자로 생각해 보자.

$$(\text{식 1}) \quad K = \frac{[C][D]}{[A][B]} \qquad [A] \text{는 A의 몰 농도}$$

산성 물질이라고 하면 황산 H_2SO_4, 염기성 물질이라고 하면 수산화나트륨 $NaOH$를 떠올릴 것이다. 이것들 모두 무기 화합물이다. 물에 녹으면 지극히 높은 산성도와 염기성도를 나타낸다. 한편, 유기화합물에서도 산성의 물질로 유명한 아세트산이 있다. 그러나 그 산성도는 황산에 비하면 상당히 작은 것이다. 이것을 아세트산을 물에 녹일 때의 상태를 생각하면서 설명하겠다. 보통 황산과 같은 산성, 황산 등의 산성의 무기 화합물은 물에서 100% 이온화된다. 즉, H_2SO_4라고 하는 분자의 상태에서는 존재하지 않고 이온(HSO_4^-, SO_4^{2-} 그리고 H^+ 등)으로 되어 있다([그림 4.3]).

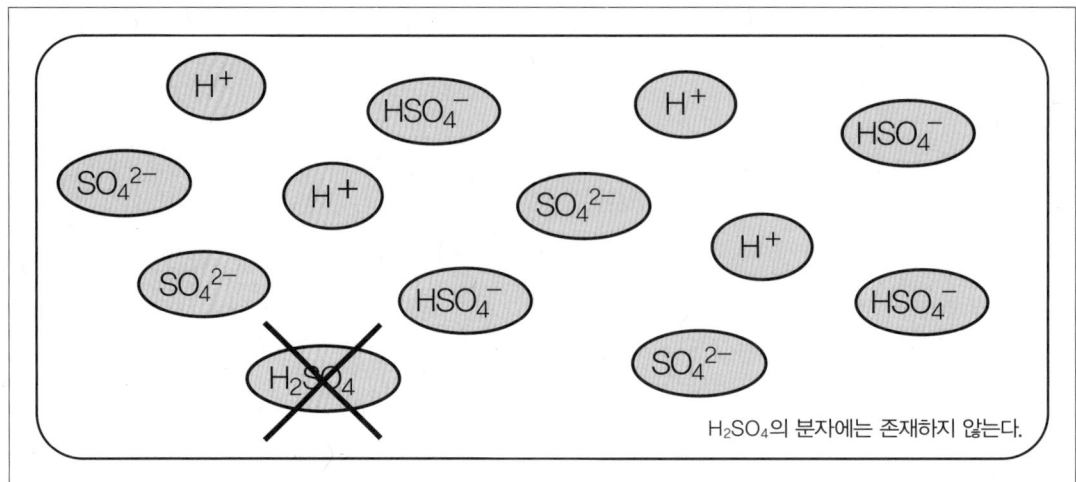

[그림 4.3] 수용액 중 황산 분자의 상태

한편 아세트산 등의 유기화합물에는 [그림 4.4]와 같이 물 분자와의 사이에 평형 상태로 존재하고 있다. 대부분이 아세트산의 분자로 남아 있고 일부가 물과 반응하여(이 경우, 물은 H^+를 받는 염기의 역할을 하고 있다) 아세트산 이온 CH_3COO^-과 하이드로늄 이온 H_3O^+를 생성하고 있다. 즉, 모든 아세트산 분자가 아세트산 이온이 되어있지 않다는 것이다.

$$\underset{\text{아세트산}}{\overset{\text{산}}{CH_3COOH}} + \underset{\text{물}}{\overset{\text{염기}}{H_2O}} \rightleftharpoons \underset{\text{아세트산 이온}}{\overset{\text{짝염기}}{CH_3COO^-}} + \underset{\text{하이드로늄 이온}}{\overset{\text{짝산}}{H_3O^+}}$$

[그림 4.4] 아세트산의 산염기의 관계

2. 산해리 상수

아세트산과 물의 평형 상태는 (식 2)의 평형 상수 K로 기재할 수 있다. 'CH$_3$COOH'는 아세트산의 몰 농도를 나타낸다. 평형이 오른쪽으로 갈수록 [그림 4.4]의 식에 대한 아세트산 이온과 하이드로늄 이온의 농도가 높아진다. 즉 K의 값이 커진다. 한편 K의 값이 작아지는 것은 평형이 좌변에 치우친다는 것이 된다.

$$(\text{식 2}) \quad K = \frac{[CH_3COO^-][H_3O^+]}{[CH_3COOH][H_2O]}$$

그런데 [그림 4.4]와 같이 우리가 생각하고 있는 평형계는 물에 약간의 아세트산을 더했을 때 아세트산 분자가 물 분자와 반응하여 아세트산 이온과 옥소늄 이온이 되어 평형 상태가 된다. 즉, 물분자가 아세트산 분자와는 비교가 되지 않을 정도로 대량으로 존재하고 있다. 이와 같은 평형계에서는 아세트산 분자와의 반응에 관여하고 있는 물 분자보다도 아세트산과의 반응에는 관여하고 있지 않은 물 분자가 압도적으로 많이 존재하고 있기 때문에 그림 4.4의 평형계에 있어서는 물의 양은 외견상 전혀 변화가 없다고 말할 수 있다. 따라서 분모의 크기 변화는 아세트산의 농도 변화로 볼 수 있다. 즉, 물 분자의 농도[H_2O]는 거의 변화하지 않는다고 간주할 수 있기 때문에 [H_2O]를 좌변에 이행하여 K[H_2O]를 이용해 이것들의 평형 상태를 기재한다.

이 K[H_2O]를 K_a이라고 쓰며, 산해리 상수라고 한다. K에 첨가하는 글자 a는 acid(산)을 의미한다.

$$(\text{식 3}) \quad K_a = K[H_2O] = \frac{[CH_3COO^-][H_3O^+]}{[CH_3COOH]}$$

$$(\text{식 4}) \quad pK_a = -\log K_a$$

여기서 왜 log에 마이너스가 붙는 것일까? 이와 같은 평형계에 관여하고 있는 물질의 몰 농도(mol/L)는 비상적으로 작고 10의 마이너스 몇 승이라는 값을 취하고 있다. 이 같은 해리 상수는 극히 작은 값이다. 여기서는 취급이 용이하기 때문에 통상 그 상용 대수의 부호를 바꾼 것(많게는 양의 값이 된다)을 이용하며, 식 4에서 정의하는 pK_a라고 하는 값의 평형계를 기술하는 데사용되고 있다.

3. 브뢴스테드-로리의 산·염기의 정의

이야기를 전환하여 [그림 4.4] 아세트산의 산성도 이야기로 돌아가자. 아세트산이 물에서 산성을 띤다는 것은 아세트산이 물 분자 H^+를 주는 능력이 있다는 것이며, 물 분자는 H^+를 받을 수 있다는 것이다. 이와 같은 H^+의 주고받음이 성립하는 경우 H^+를 주는 분자를 산, H^+를 받는 분자를 염기라고 한다.

이러한 산염기의 정의를 브뢴스테드-로리 산·염기의 정의라고 한다. 아세트산은 H^+를 완전히 물 분자로 전하는 힘은 어느 정도 있으며, 그 정도는 앞에서 설명한 pK_a라는 수치로 나타낸다.

유기화합물에서는 이와 같은 물 분자와의 사이에 산·염기의 평형이 존재한다. 그 평형이 오른쪽으로 갈수록 강한 산이 된다. [그림 4.4]의 평형식의 오른쪽에 대해 알아보면, 아세트산 이온은 하이드로늄 이온에서 H^+를 받고 있다. 또 하이드로늄 이온은 아세트산 이온에 H^+를 전하고 있다. 즉, 브뢴스테드의 산·염기 정의에서는 아세트산 이온은 염기로, 하이드로늄 이온은 산으로서 작용하고 있게 된다([그림 4.5]). 이 경우 그림처럼 본래의 산·염기에 대해 짝염기, 짝산이라고 한다. 이와 같은 유기화합물에서 산·염기는 산성 분자와 염기성 분자와의 사이에 H^+의 주고받는 평형으로 이해되며, 또 염기 해리 상수를 K_b(첨자의 b는 염기 base)라고 한다.

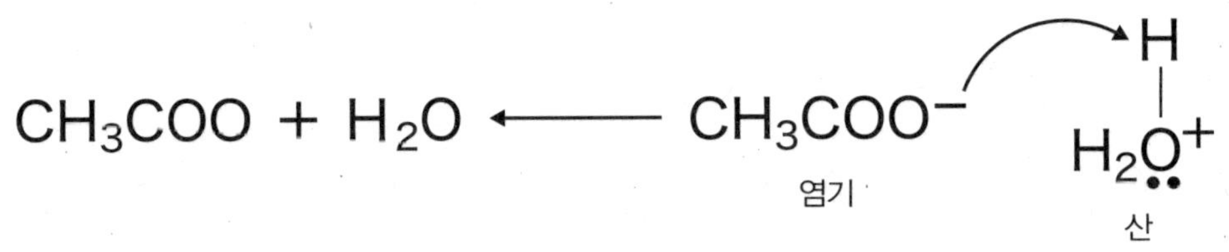

[그림 4.5] 기로서의 아세트산 이온과 하이드로늄 이온

4. 루이스의 산·염기의 정의

산과 염기를 H^+의 주고받는 것이 아닌 다른 관점에서 파악하는 방법이 있다. 루이스의 산·염기의 정의라고 하는 것이다. 먼저 [그림 4.4]에서 하이드로늄 이온의 생성에 대해 생각해 보자. 물 분자 H_2O와 양성자 H^+가 반응하여 H_3O^+가 생성된다. 물 분자는 H^+를 받아들이기 때문에 브뢴스테드-로리의 산·염기의 정의에 의하면 확실한 염기이다.

그런데 물 분자는 그 구조인 부분에서 H^+를 받아들인 것일까? [그림 4.6]과 같이 물 분자의 수소 원자의 비공유 전자에 대해 H^+가 추가(배치라고도 한다)하여 H_3O^+가 생성된다. 즉 물 분자가 새로이 형성되는 O-H 결합에 전자쌍을 제공하는 것이 된다(루이스 염기). 반대로 H^+는 전자쌍을 받는 형태로 되어 있기 때문에 산이라고 생각한다. 이와 같이 전자쌍의 주고받음을 통해(H^+의 수수가 아닌) 산염기를 규정한다.

이것이 루이스의 산·염기의 정의이다. 이 정의에 의해 브뢴스테드-로리의 산·염기의 정의보다 더 넓게 분자에 대한 산과 염기의 사고를 적응할 수 있게 된다. 이 사고는 유기화학에 있어서 굉장히 중요한 것이다.

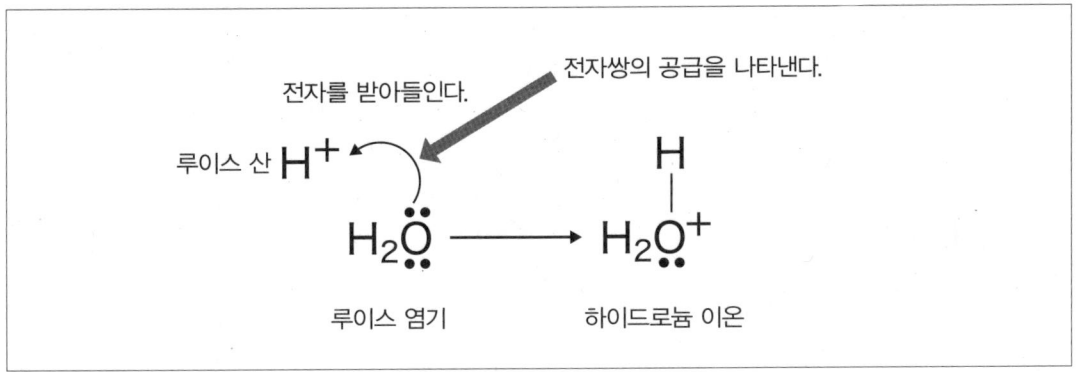

[그림 4.6] 루이스 산, 염기로서의 양성자와 물 분자

여기서 말한 산·염기의 정의 이외에 모두가 잘 알고 있는 산과 염기의 정의가 있다. 처음으로 산과 염기를 배웠을 때 사용된 것이 아레니우스의 산·염기의 정의이다. 산은 브뢴스테드-로리의 산·염기의 정의와 같지만 염기는 아레니우스의 정의에서 OH^-를 만드는 분자로 정의되어 있다([표 4.1]). 그러나 지금까지 설명한 것처럼 산과 염기는 반대로 생각해야 한다. 즉 OH^-를 낸다는 것은 OH^-가 H^+를 획득하는 움직임이 강한 것과 같기 때문에 브뢴스테드-로리의 산·염기 정의에 포함된다. 따라서 현재로서는 브뢴스테드-로리산·염기 또는 루이스의 산·염기의 정의가 사용되고 있다.

[표 4.1] 다양한 산·염기의 정의

정의	산	염기
아레니우스의 산·염기	H^+를 내는 분자	OH^-를 내는 분자
브뢴스테드-로리의 산·염기	H^+를 주는 분자	H^+를 받는 분자
루이스의 산·염기	전자쌍을 받는 분자	전자쌍을 주는 분자

벤젠의 구조

헥사트리엔이란 3개의 이중결합이 인접하여 공액하는 화합물이다. 그런데 벤젠이라고 하는 화합물은 [그림 4.7]에 나타낸 것처럼 헥사트리엔 말단의 1번 탄소와 6번 탄소가 결합한 것이다.

그림과 같이 고리 모양의 형태가 되면 1위와 6위의 사이에도 궤도의 중첩에 의한 공명이 발생한다. 즉 고리가 되어 이중결합에 관여하고 있는 π전자를 고리 전체에서 공유하는 것이 가능하다. 그 결과, 고리 전체에 6개의 π전자를 동등하게 공유하여 결합을 형성하게 된다 이와 같은 형상은 단순한 공명이 아닌 견고한 연결이 생겨난다. 이것이 방향족성의 기본이다.

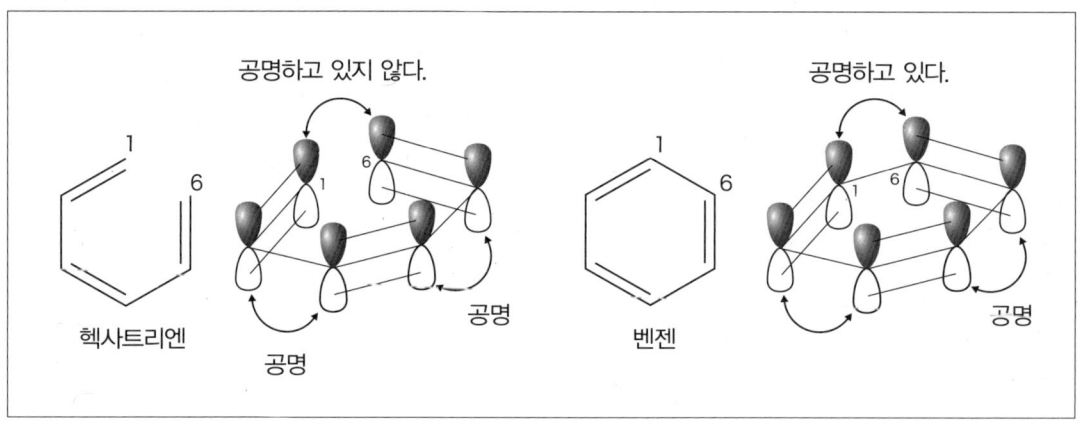

[그림 4.7] 헥사트리엔과 벤젠 구조의 비교

이러한 상태의 벤젠 구조는 제2장에서 설명한 공명의 사고방식을 이용해 [그림 4.8] (A)와 같이 표현된다. 벤젠은 (A)의 오른쪽 구조도 왼쪽의 구조도 아닌 2개의 구조를 겸비한 구조로 되어 있다. 주의할 점은 [그림 4.8]의 (A)에 나타낸 구조 중 어느 쪽도 아닌 유일한 구조를 갖는 것이다. 이처럼 구조를 표현하는 데 [그림 4.8]의 (A)와 같이 쓴다. 그런데 벤젠의 분자의 표기 방법에는 또 하나가 더 존재한다. 공명에 따라 π전자가 환상의 형태로 평등하게 분포하는 것을 그림의 (B)와 같이 표현할 수 있다. (A)와 (B)중 어느 것으로 표현해도 상관 없다. 단, 일반적으로는 (A)의 표현의 경우에는 (A)의 일반적인 구조식만으로 벤젠 고리의 구조가 쓰여진다.

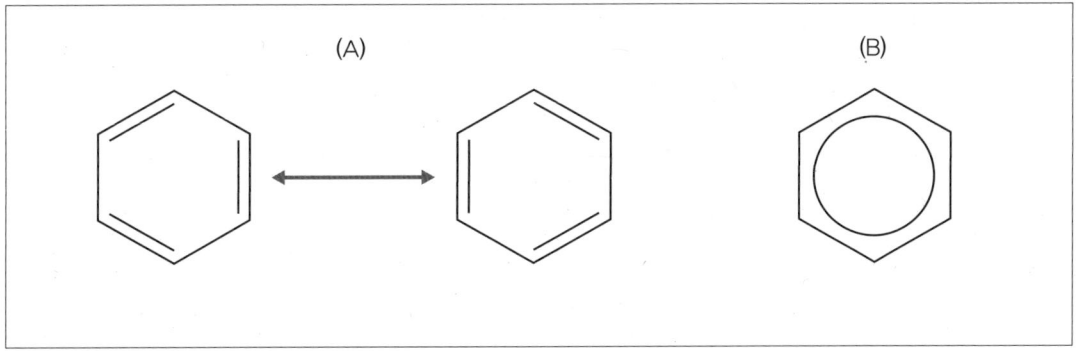

[그림 4.8] 벤젠 구조의 표시 방법

◆ 케톤에놀 호변이성(토토머화)이란?

[그림 4.9] 왼쪽의 화합물은 케톤*(C=O) 구조가 탄소 1개를 사이에 두고 존재하고 있으며, 1,3-디케톤이라는 구조를 갖고 있다. 이 화합물은 사실 그림으로 나타낸 것처럼 에놀 구조의 화합물로 변화하여 존재하는 것도 있다. 즉, 케톤 구조의 화합물과 에놀 구조의 화합물이 평형의 관계로 존재하고 있으며 이 평형계에서는 실온에서 케톤 구조가 24%, 에놀 구조가 76%의 비율로 존재한다는 것을 알 수 있다.

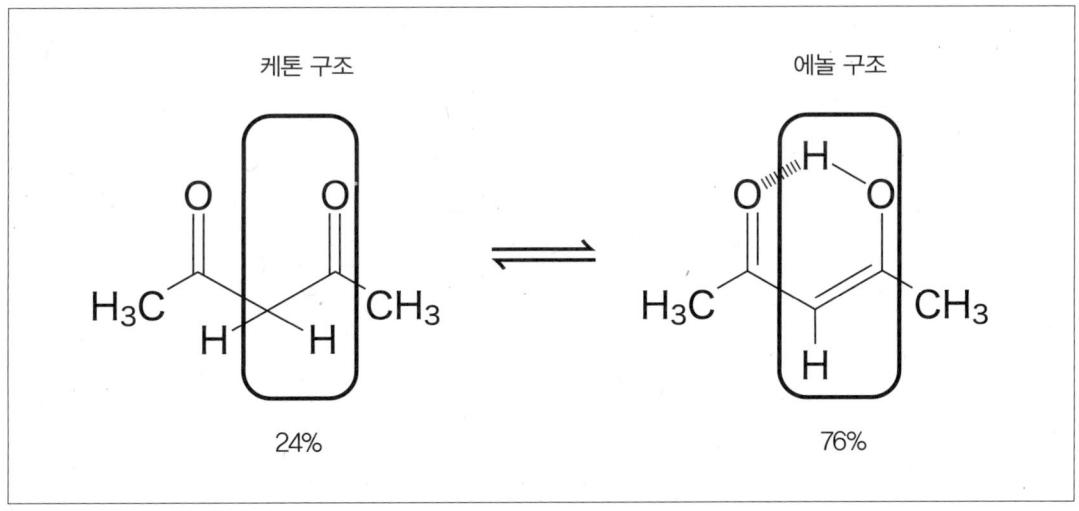

[그림 4.9] 두 개의 디케톤 구조 이성질체 간의 평형

※ 카보닐기에 두 개의 탄소 원자가 결합해 있는 화합물을 케톤이라고 한다.

이처럼 케톤 구조(케톤형)를 갖는 화합물과 에놀 구조(에놀형)를 갖는 화합물과의 사이에 관계를 일반적으로 표현하면 [그림 4.10]과 같아지며, 이와 같은 평형 관계를 케톤에놀 호변이성(토토머화)이라고 한다.

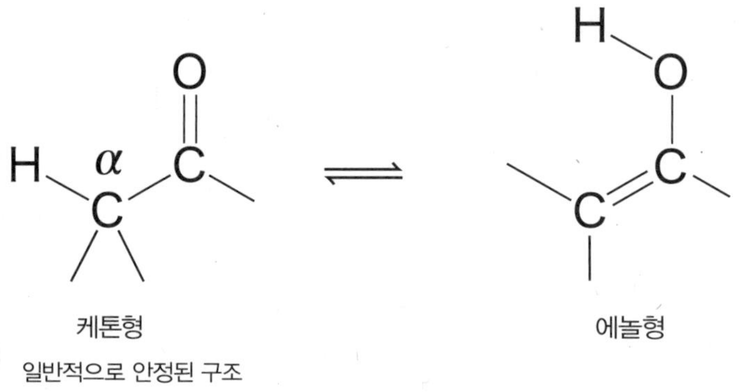

[그림 4.10] 케톤에놀 호변이성

이 케톤에놀 호변이성은 [그림 4.9]와 같이 특별한 계열만 볼 수 있는 현상이 아닌 [그림 4.10]과 같이 C=O이 되는 탄소(α위치의 탄소)에 수소 원자가 존재하면 발생하는 현상이다. 단, 일반적으로는 케톤형이 에놀형보다 안정된 형태이기 때문에 상당수가 [그림 4.11]과 같은 케톤형으로 존재하고 있다. 단 에놀형과의 사이에 평형이 존재하고 있기 때문에 화학반응에서 중요한 역할을 다하고 있다.

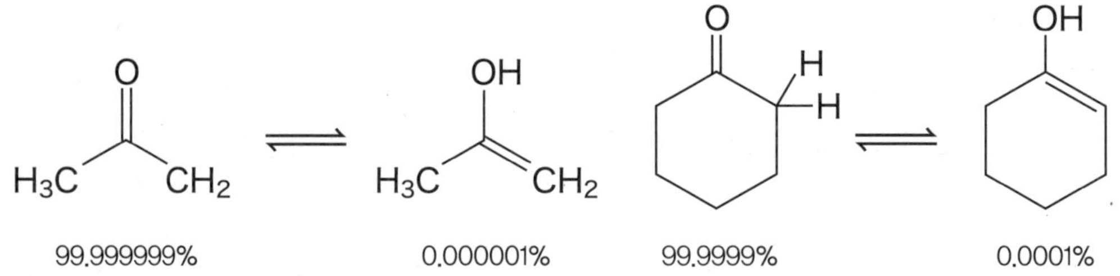

[그림 4.11] 케톤에놀 호변이성의 구체적인 예

> 칼럼

향기 물질은 지용성

　꽃의 향기나 나무의 향기는 우리가 피로할 때 편안함을 느끼게 해준다. 향기를 느낄 수 있다는 것은 바로 향기의 기본이 되는 물질이 있기 때문이다. 그 대표적인 것이 테르펜류라고 불리는 소수성 일군의 유기화합물이다. 이소프렌은 탄소의 수가 5개인 불포화탄화수소가 생체 속에 2, 3개가 달라붙게 되는 천연으로 존재하는 유기화합물이다.

　아래의 그림은 이소프렌이 2개가 붙는 탄소수 10개인 테르펜류이며(모노테르펜이라고 불린다), 대표적인 향기를 갖는 유기화합물이다. 피넨류는 주로 나무 향기의 원료이며 리모넨은 레몬, 자몽, 오렌지 등의 감귤류 향기의 주성분이다. 또 리날로올이나 게라니올은 꽃의 향기를 전하는 물질이다. 이 화합물은 탄화수소로 되어 있거나 혹은 탄화수소 구조 부분을 차지하는 비율이 높다. 따라서 이 물질은 기름과 친하고 물에는 잘 녹지 않는 물질이다. 그 때문에 무리하게 물과 섞게 되면 점점 증발하게 되고 냄새 물질이 증발해 코에닿지 않으면 냄새는 맡을 수 없다. 우리는 냄새 분자가 지용성이기 때문에 향기를 즐길 수 있는 것이다.

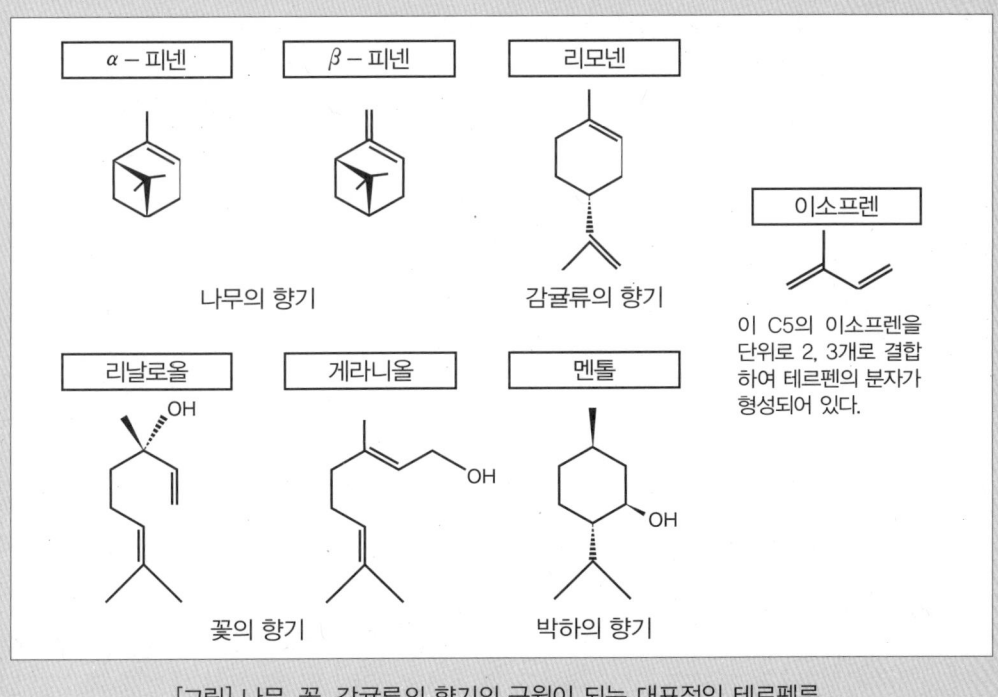

[그림] 나무, 꽃, 감귤류의 향기의 근원이 되는 대표적인 테르펜류

MEMO

제 5 장
유기화합물의 반응

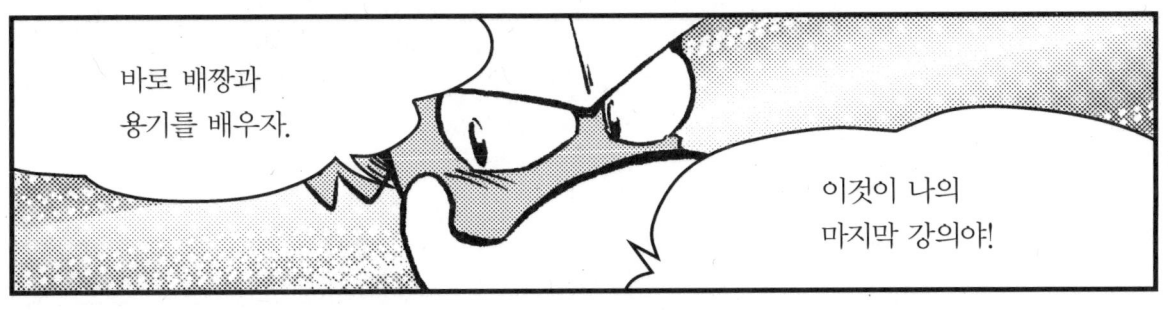

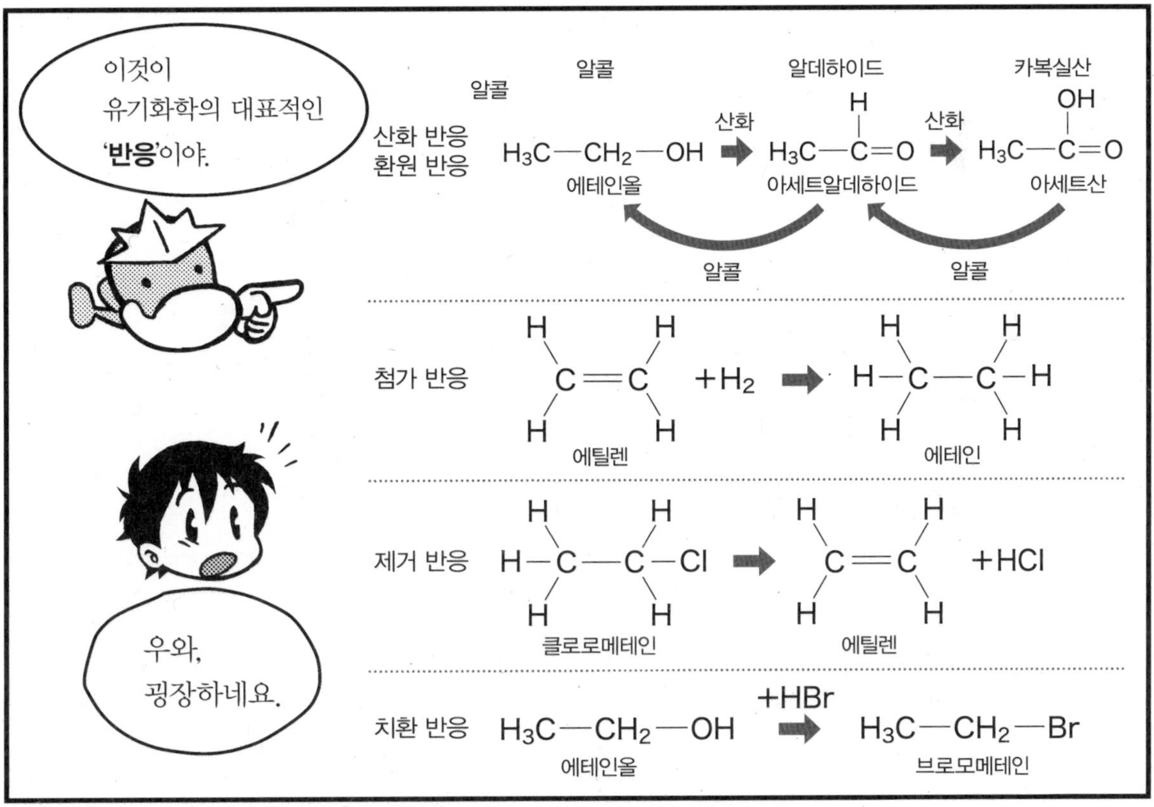

이것이 유기화학의 대표적인 **'반응'**이야.

우와, 굉장하네요.

| 산화 반응 환원 반응 | 알콜 H_3C-CH_2-OH 에테인올 → 산화 → 알데하이드 $H_3C-\overset{H}{\underset{}{C}}=O$ 아세트알데하이드 → 산화 → 카복실산 $H_3C-\overset{OH}{\underset{}{C}}=O$ 아세트산 (← 알콜, ← 알콜) |

첨가 반응: $\overset{H}{\underset{H}{C}}=\overset{H}{\underset{H}{C}} + H_2 \Rightarrow H-\overset{H}{\underset{H}{C}}-\overset{H}{\underset{H}{C}}-H$
에틸렌 → 에테인

제거 반응: $H-\overset{H}{\underset{H}{C}}-\overset{H}{\underset{H}{C}}-Cl \Rightarrow \overset{H}{\underset{H}{C}}=\overset{H}{\underset{H}{C}} + HCl$
클로로메테인 → 에틸렌

치환 반응: $H_3C-CH_2-OH \xrightarrow{+HBr} H_3C-CH_2-Br$
에테인올 → 브로모메테인

제5장 유기화합물의 반응

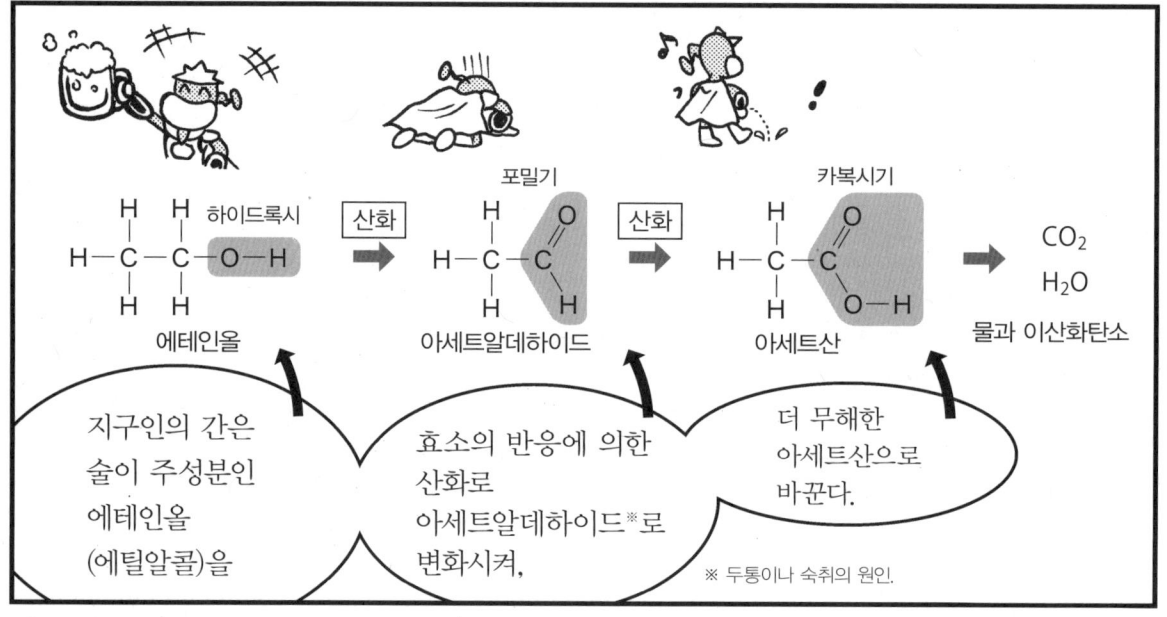

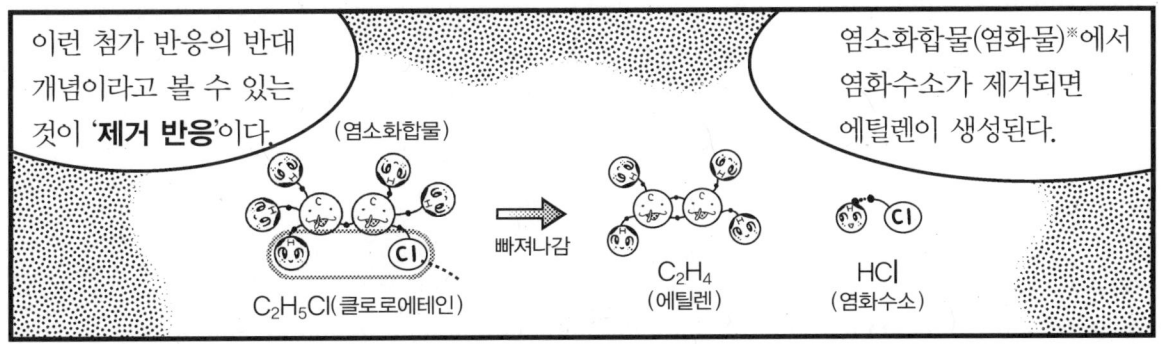

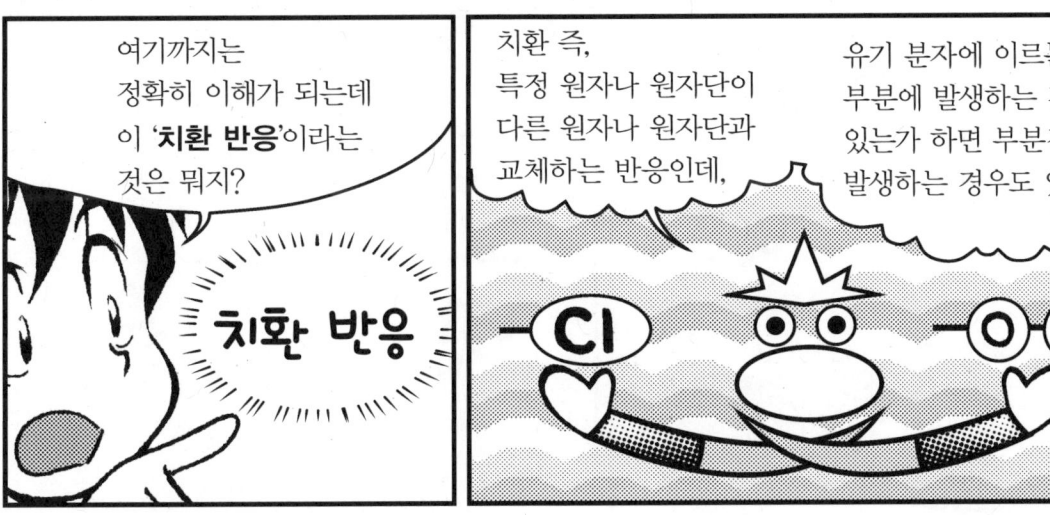

※ 할로겐 원자(F, Cl, Br, I)를 갖는 유기화합물을 총칭하여 할로겐화물이라고 한다. 예를 들면 염소 원자 Cl을 갖는 화합물을 염소화합물(염화물)이라고 한다. 할로겐은 52페이지 참조.

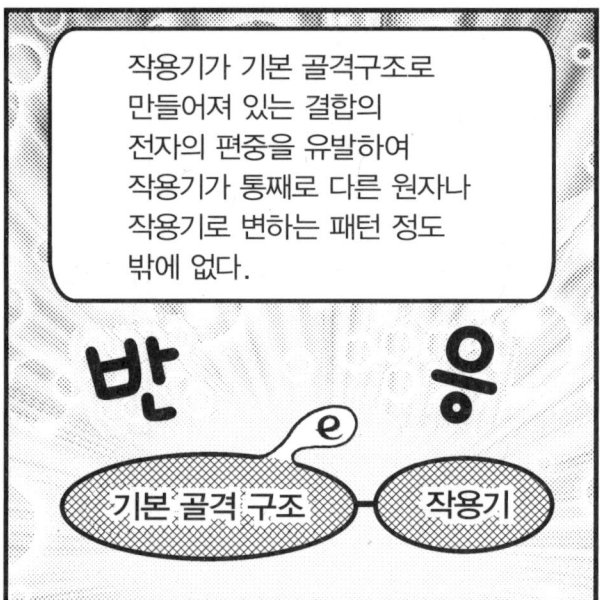

5.2 탄화수소의 반응

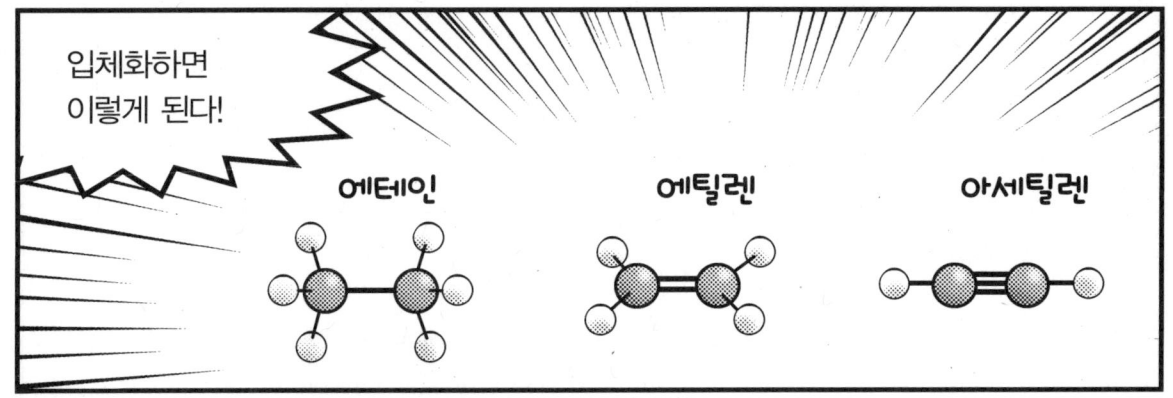

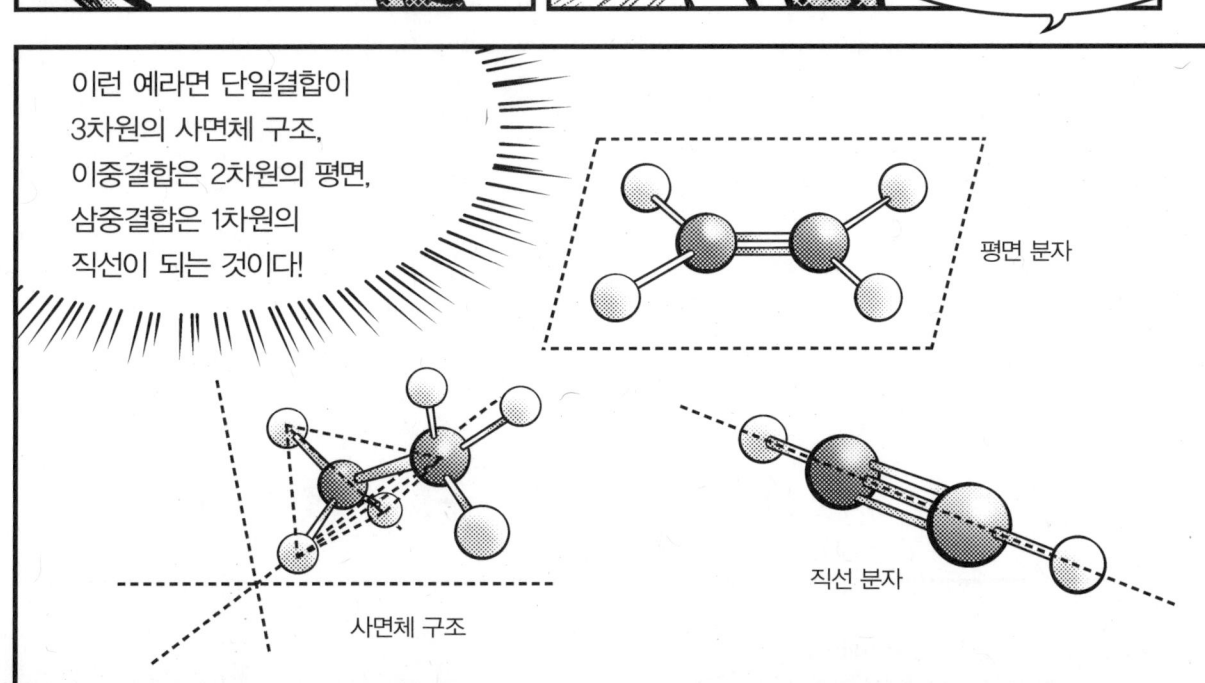

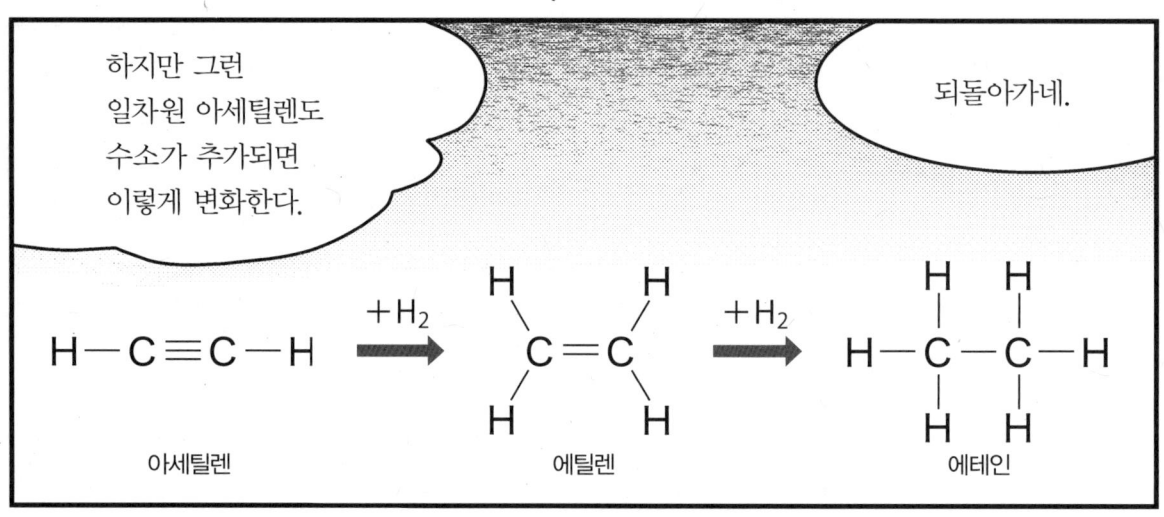

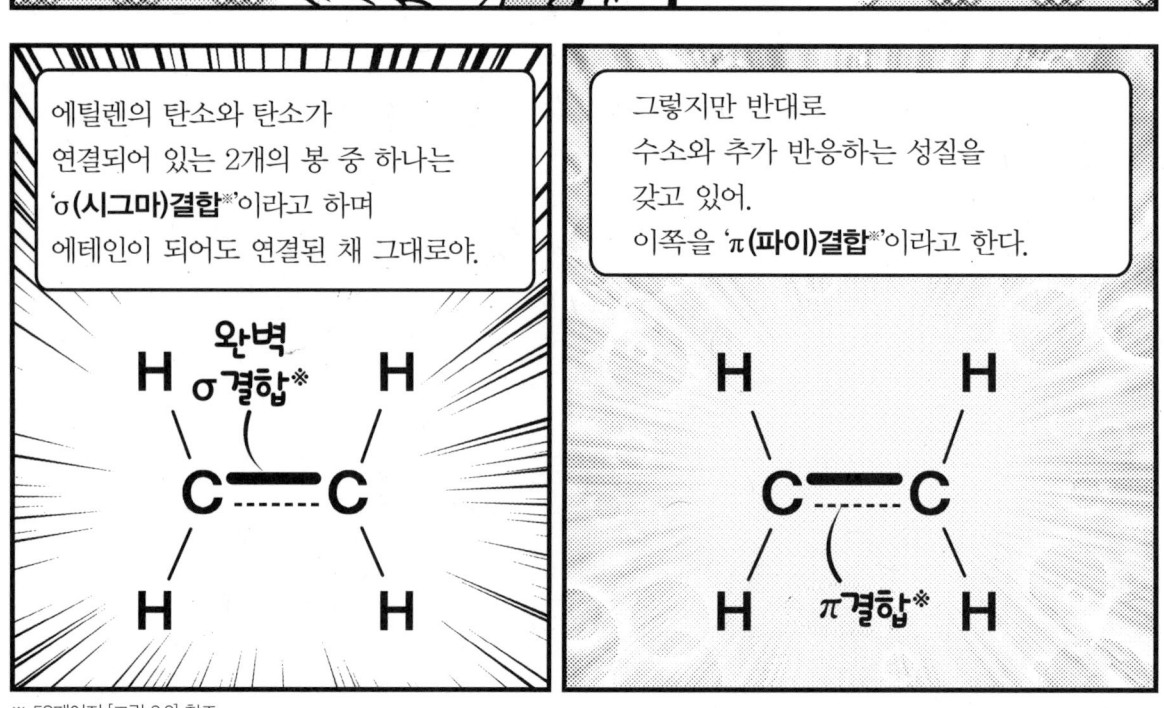

※ 58페이지 [그림 2.3] 참조.

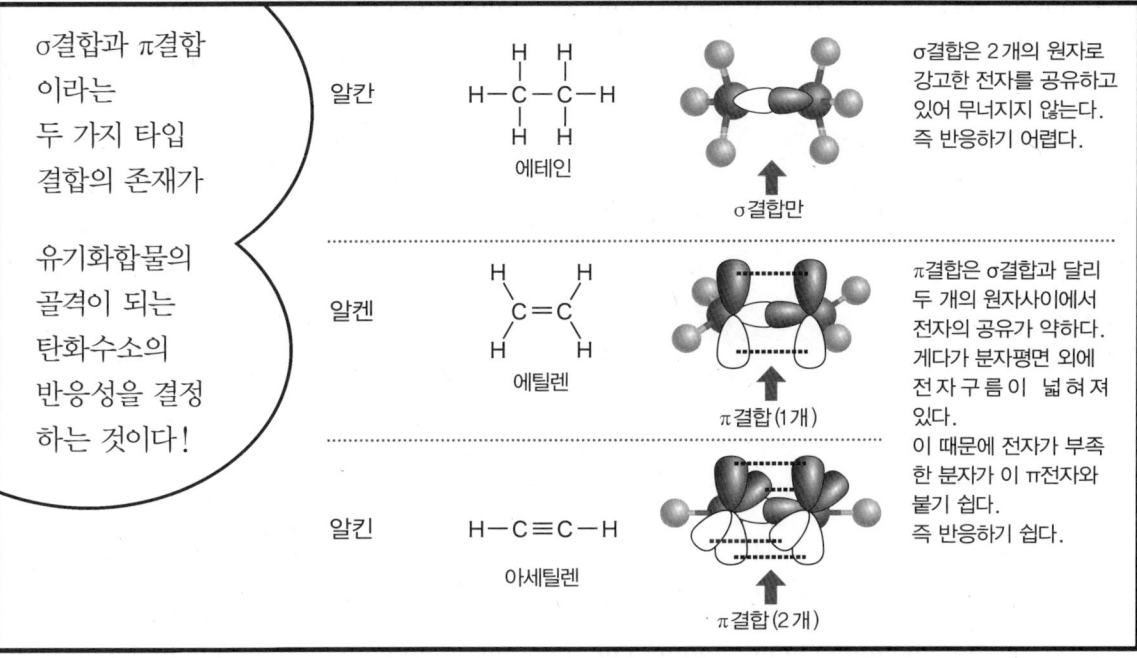

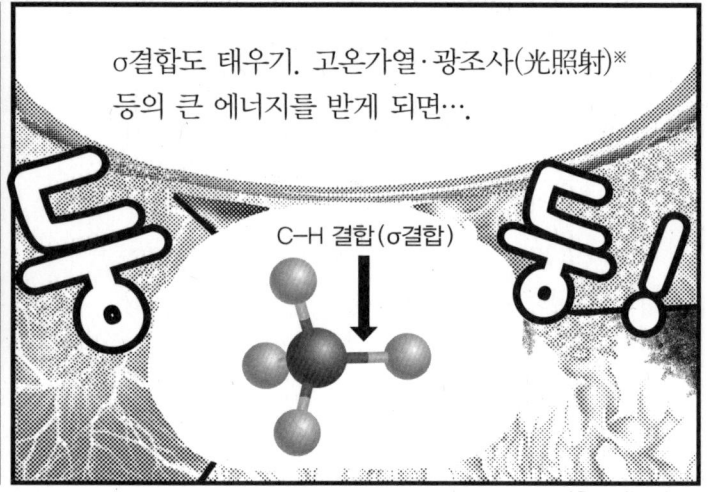

※ 빛을 쪼이는 것.

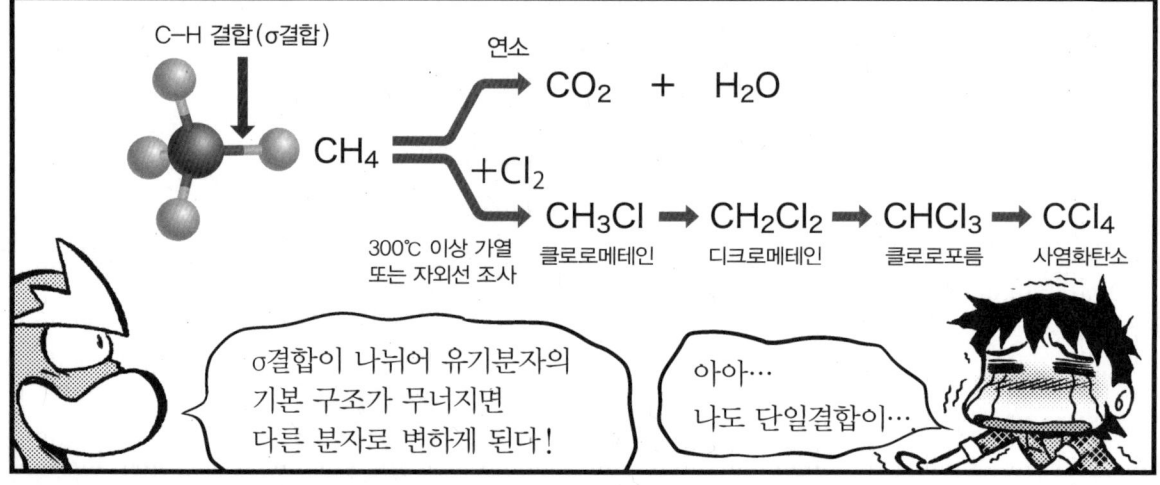

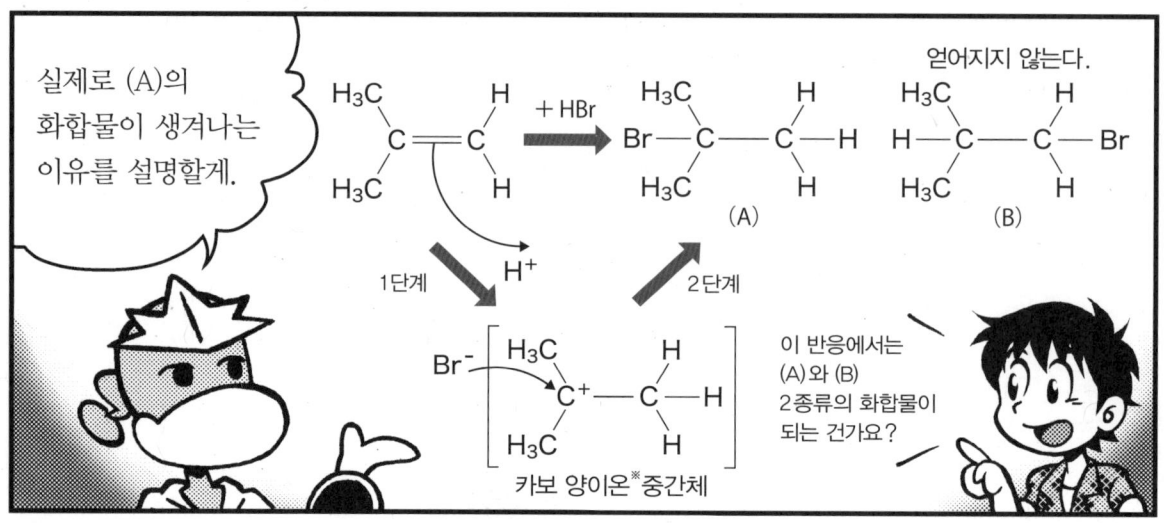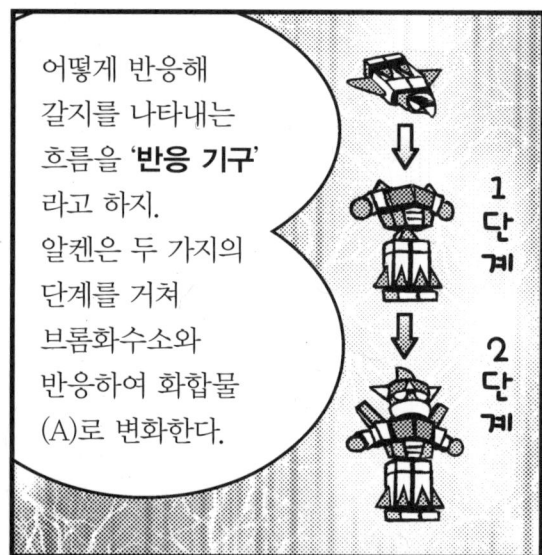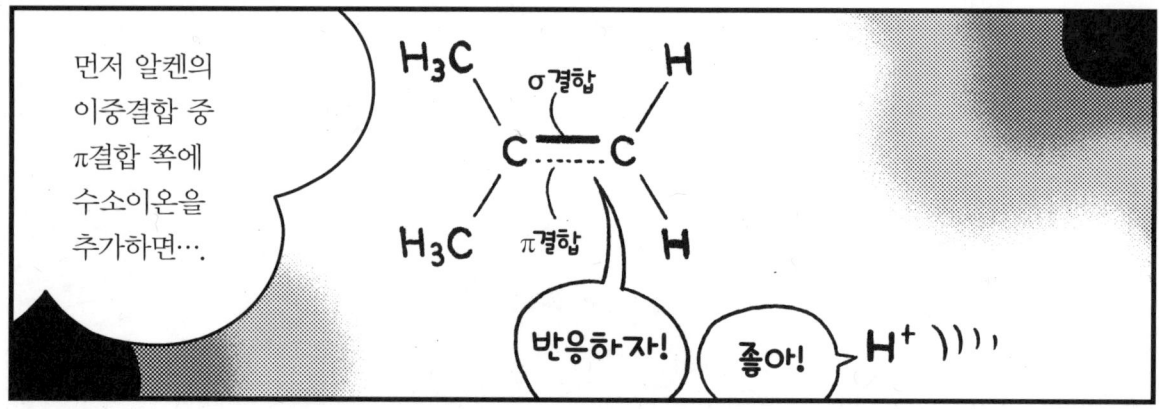

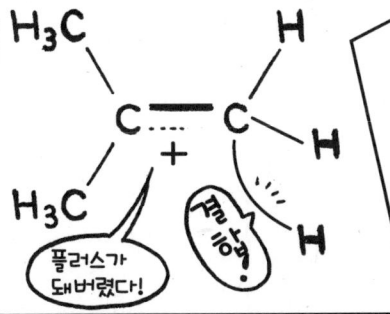

탄소 원자가 이어져 있는 π결합 쪽의 손만 놓고…. 반대쪽은 수소 원자와 결합,

플러스가 돼버렸다!

결합!

그리고 다른 한쪽의 탄소 원자는 그 결합으로 전자를 수소 이온으로 취급하기 때문에 +전하를 갖게 된다.

여기까지의 반응으로 생성된 양이온을 '**중간체**'라고 부르지.

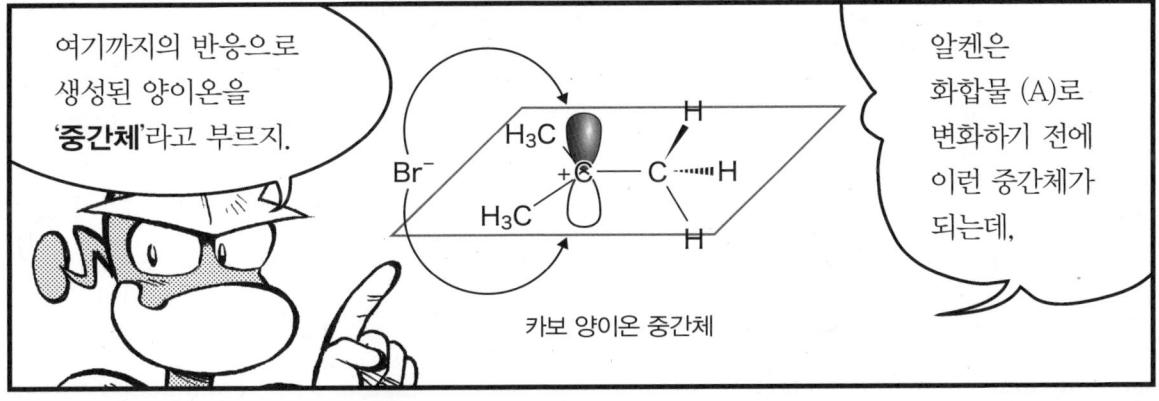

카보 양이온 중간체

알켄은 화합물 (A)로 변화하기 전에 이런 중간체가 되는데,

카보 양이온에는 알킬기※가 많이 치환하는 만큼 안정된다는 성질이 있다.

알킬기라고 하는 것은 확실히 탄화수소로 된 작용기를 말하는 거네요?

그렇지! 탄소 원자에 3개의 알킬기가 결합한 화합물을 '**제3차**', 2개 결합한 것을 '**제2차**', 1개만으로 결합하여 있는 것을 '**제1차**'라고 한다.

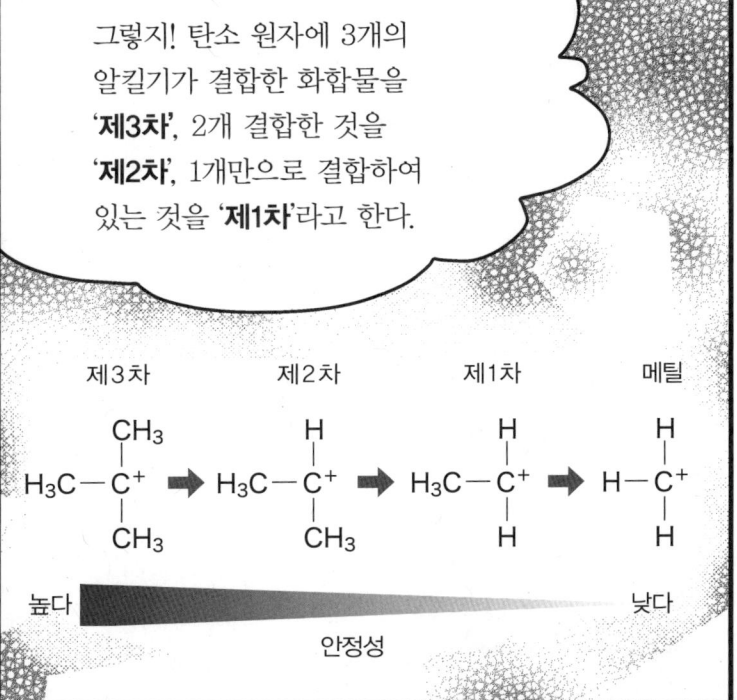

※ 알케인에 유래하는 탄화수소기.

제5장 유기화합물의 반응 149

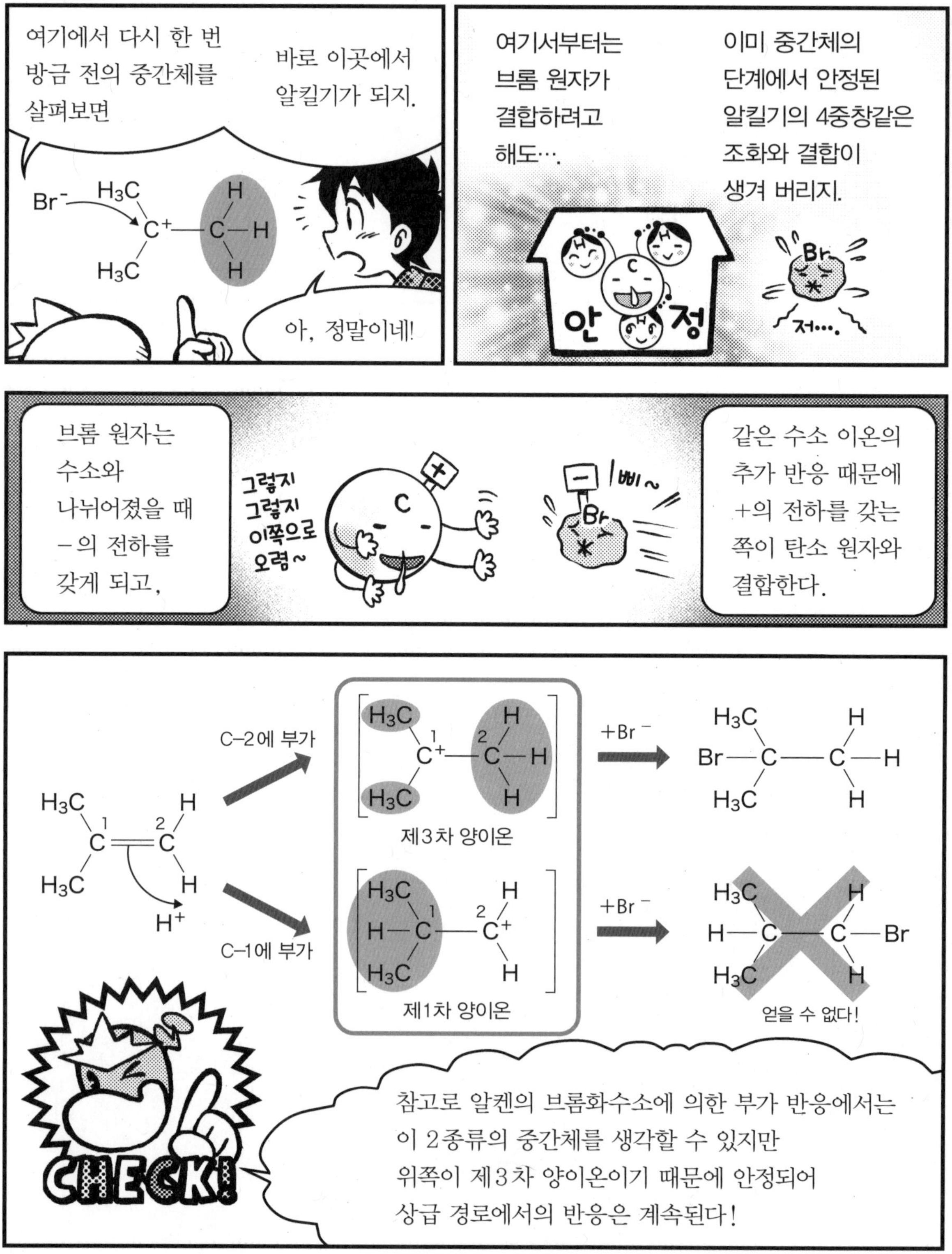

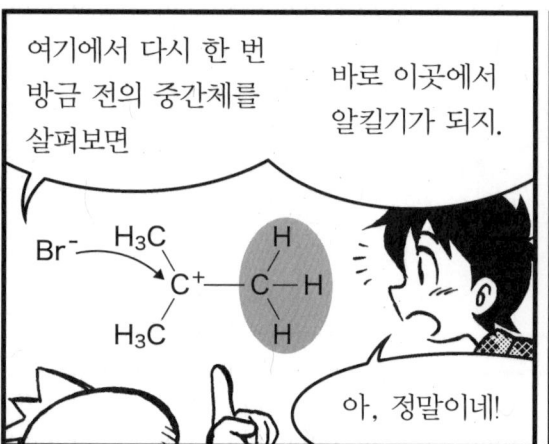

여기에서 다시 한 번 방금 전의 중간체를 살펴보면

바로 이곳에서 알킬기가 되지.

아, 정말이네!

여기서부터는 브롬 원자가 결합하려고 해도….

이미 중간체의 단계에서 안정된 알킬기의 4중창같은 조화와 결합이 생겨 버리지.

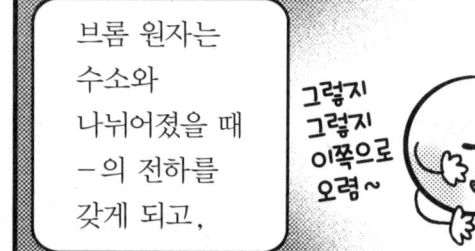

브롬 원자는 수소와 나뉘어졌을 때 −의 전하를 갖게 되고,

같은 수소 이온의 추가 반응 때문에 +의 전하를 갖는 쪽이 탄소 원자와 결합한다.

참고로 알켄의 브롬화수소에 의한 부가 반응에서는 이 2종류의 중간체를 생각할 수 있지만 위쪽이 제3차 양이온이기 때문에 안정되어 상급 경로에서의 반응은 계속된다!

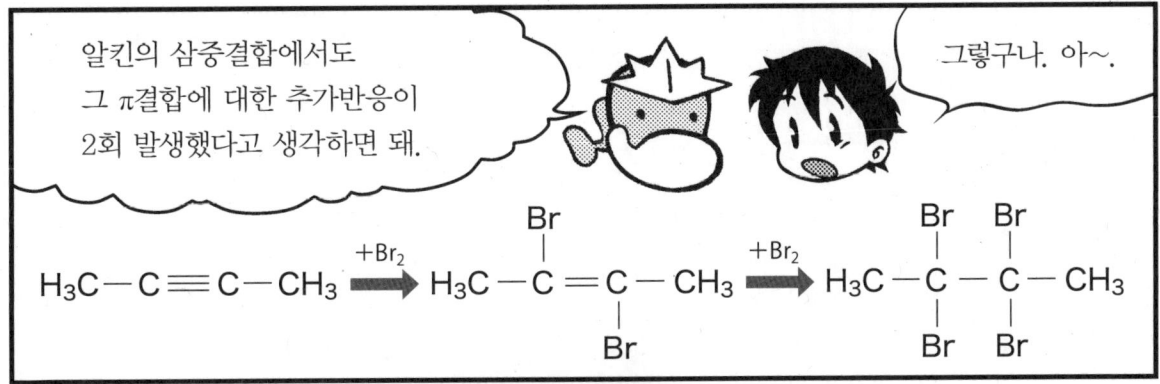

5.3 알콜의 반응

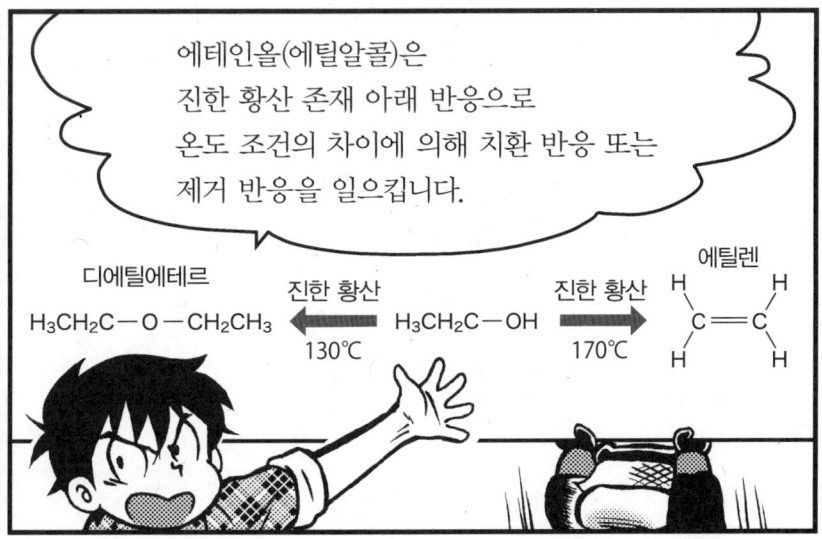

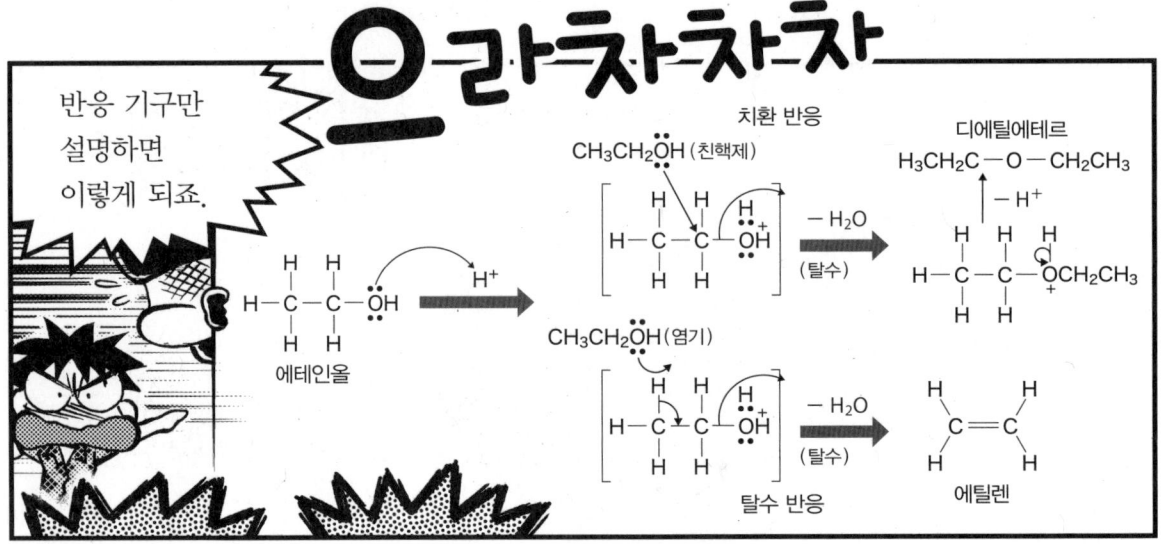

반응 기구만 설명하면 이렇게 되죠.

[O-H]의 히드록시기에 수소 이온을 부가시키면 할로겐과 비슷한 정도의 전자를 끌어당기게 되며,

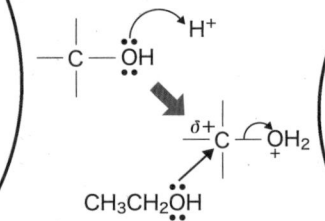

그렇게 되면, 전자를 풍부하게 갖는 다른 에테인올 산소 원자의 비공유 전자쌍이 간신히 플러스 성질을 갖는 탄소에 끌어당겨져⋯.

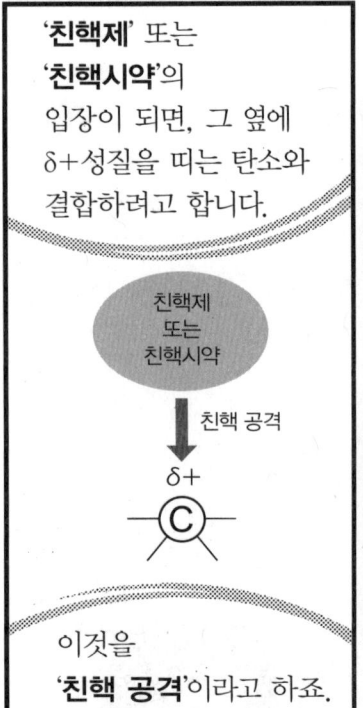

'친핵제' 또는 '친핵시약'의 입장이 되면, 그 옆에 $\delta+$ 성질을 띠는 탄소와 결합하려고 합니다.

이것을 '친핵 공격'이라고 하죠.

뭐야⋯. 이 녀석은!

이런 반응 기구를 거쳐 에테인올은 치환 반응을 일으켜 디에틸에테르로 변화하는 것입니다.

유기화합물은 여러 반응을 거쳐

다른 새로운 것으로 변화해요.

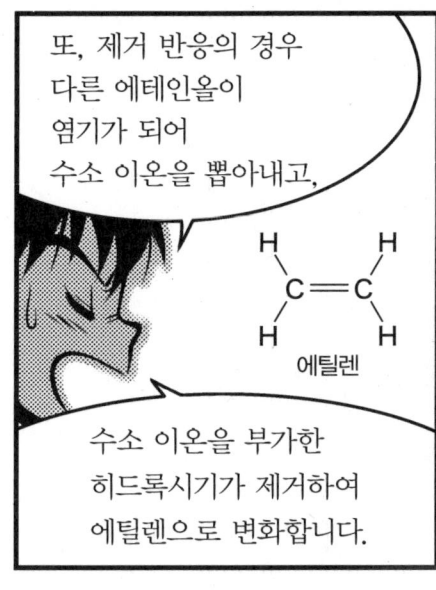

또, 제거 반응의 경우 다른 에테인올이 염기가 되어 수소 이온을 뽑아내고,

에틸렌

수소 이온을 부가한 히드록시기가 제거하여 에틸렌으로 변화합니다.

어쨌든 저는 선배들의 나쁜 행동에 유나가 말려드는 것을 보고만 있을 수가 없어요!

그리고 저 자신도 유기화합물과 같은 유나에게 제대로 '**반응**'해서 저를 '**변화**'시키고 싶어요!!

Follow-up

우리 주변에는 다양한 물질이 존재하고 있다. 이 물질을 화학적인 관점에서 본 경우 그 물질이 단일 성분(1종류의 원소나 분자)으로 되어있는지의 여부를 생각해야 한다. 즉 순물질이거나 그렇지 않을 경우에는 몇 가지 성분의 혼합물인지를 구별한다. 이것은 유기화합물의 성질을 비교하는 데 굉장히 중요하다. 성질을 알기 위해서는 가능한 단 하나의 유기화합물(성분)로 구성된 물질을 얻을 필요가 있다. 이 결과 물질을 분석하여 물질이나 반응성 등의 성질을 조사하는 것이 유기화합물에 대한 다양한 성질에 대한 이해로 이어진다. 이 장에서는 순수한 유기 분자의 연구를 통해 얻을 수 있었던 대표적인 반응 중 만화 부분에서 다루지 않았던 반응에 대해 자세히 설명한다.

⬢ 에스테르화 반응

에스터화는 카복시산이 알콜과 반응하여 에스터라고 하는 분자를 생성하는 반응이다.

[그림 5.1]에 나타낸 아세트산과 에탄올과의 반응에 의한 아세트산에틸에스터의 생성이 대표적인 반응이다. 이 반응은 산의 H^+가 존재함으로써 쉽게 진행된다. 그러나 이 반응에는 특별한 특징이 있다. 그것은 아세트산에틸에스터와 물과 반응하여 아세트산과 에탄올을 생성하는 반응도 동시에 발생하고 있다는 것이다. 이런 관계를 다른 것에서도 보았을 텐데 바로 아세트산기반응(제4장 122페이지)에서 설명한 평형 상태이다. 즉 '아세트산과 에테인올'과 '아세트산에틸에스터와 물'과의 사이에는 평형 관계가 있다. 유기화학의 반응에는 이와 같은 평형 상태에 있는 것도 많이 존재한다.

[그림 5.1] 아세트산과 에테인올 반응에 의한 아세트산에틸에스터의 생성

1. 유기화합물의 반응에 따른 에너지 변화

유기화학의 반응이 평형에 있는지 여부는 어떻게 생각해야 할까? 유기화학에 한정하지 않고 화학 반응의 진행 여부를 정하는 것은 바로 에너지의 변화이다. 실제 유기화학의 반응은 복잡하지만, 그 반응을 이해하기 위해 [그림 5.2]에 나타낸 두 가지 경우에 대해 고려해 보았다. 양쪽 모두 출발 물질 A에서 생성물 B를 제공하는 반응이다. [그림 5.1]에서 '아세트산과 에테인올'이 출발 물질 A로 '아세트산에틸에스테르와 물'이 생성물 B에 해당한다고 생각하면, 가로축은 반응의 진행 방향 즉, 반응의 시간적 경과를 나타내고 있다.

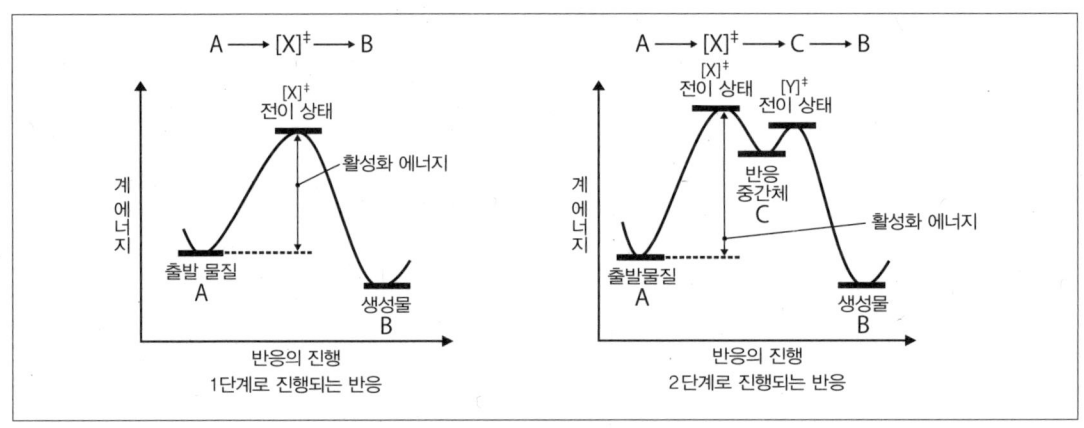

[그림 5.2] 화학 반응의 진행에 따른 에너지의 변화

출발 물질 A가 반응하고 있는 시간 경과 후에 생성물 B를 생성한다고 하는 것을 가로축에 표시했다. 또 세로축은 반응에 관계하고 있는 분자가 갖는 에너지이다. [그림 5.2]에서는 A보다 B가 아래쪽에 쓰여 있다. 즉, A에서 에너지를 방출(즉, 발열 반응)하여 더욱 안정적인 B를 생성하는 반응을 나타내고 있다. A보다 B가 되는 과정에는 넘지 않으면 안 되는 에너지의 산이 있다. 가열과 같은 행동으로 A 상태의 분자에 에너지를 가하면 A 분자는 산을 넘어설 수 있고(반응한다), B가 된다. 이 산의 정점 상태[X]‡를 전이 상태라고 한다. 넘어야 할 산의 높이를 '활성화 에너지'라고 부르고 있다.

여기서 시점을 전환하여 생성물 B에서 출발물질 A가 되는 과정을 생각해 보자. 이 반대 과정도 A에서 B가 되는 때와 같은 전이 상태[X]‡를 거쳐 간다. 그럼 넘어야 할 산의 높이는 어떻게 되어 있을까? A와 B의 에너지 차이 만큼 더 높다. 만약 산의 높이가 높고 A와 B의 에너지 차이가 크면 A에서 B로 변화한 것이 반대로 B에서 A가 되는 경우는 없다(엄밀하게 말하면 매우 어려움). 그러나 산의 높이가 그다지 높지 않고 A와 B의 에너지 차이가 작다면 B에서 A의 변화도 일어날 수 있다. 이와 같은 상태가 평형 상태이다. 즉 에스테르화 반응에는 이와 같은 에너지 관계가 존재하고 있다.

[그림 5.2]의 좌측에 에너지 변화의 반응은 출발 물질 A에서 전이 상태 [X]‡를 거쳐 생성물 B를 주는 과정에서 진행되는 반응으로, 1단계 반응이라고 한다. 또 하나는 출발 물질 A에서 전이 상태 [Y]‡를 거쳐 최종 생성물 B에 이르는 에너지 변화를 나타내는 반응으로, 2단계 반응이라고 한다. 이 두 가지 경우의 큰 차이는 중간체가 있는지가 여부이다.

2. 전이 상태와 중간체의 차이

전이 상태와 중간체와는 어떤 차이가 있을까. [그림 5.2]에서는 전이 상태는 산의 정상에 해당하며, 중간체는 두 개의 산의 정상을 사이에 둔 골짜기 같은 것이다. 단 반응의 세계에서 이 정상은 점으로, 그곳에 머무는 것은 불가능하다. 즉 넘지 않으면 안 되는 곳으로 존재하는 상태이다. 그리고 이 전이 상태를 넘어서는 데 필요한 에너지의 벽이 활성화 에너지이다. 반면, 중간체 C는 A나 B보다 높은 곳에 있다. 즉, A나 B보다 불안정한 분자이지만 에너지의 골짜기에 있기 때문에 정말 짧은 순간이라도 존재할 수 있다. 그러나 계속 이 상태로 있는 것은 불가능하다. 그것은 A에서 C로 갈 때 넘은 산(활성화 에너지)보다도 C에서 B로 가는 산이 낮기 때문이다. 즉, A에서 [X]‡를 거쳐 C로 갈 수 있는 에너지가 있다면 여유롭게 다음 산을 넘을 수 있다. 전력으로 달려 하나의 산을 넘으면 그 눈앞에 작은 산이 있어서 그 기세로 다음의 작은 산도 넘어버리는 것과 같다.

이렇게 생각하면 중간체라는 것은 그다지 도움이 되지 않는 것으로 생각하기 쉽지만 유기화학의 반응이 수월하게 진행할지의 여부에 대한 큰 열쇠를 쥐고 있다. 앞으로의 장에서 언급한 대부분의 반응에 중간체가 존재한다. 이 중간체가 얼마만큼 중요한가는 그 중의 구체적인 반응으로 중요성을 알 수 있을 것이다.

3. 에스테르화와 가수분해

먼저, A에서 B로 이어지는 반응의 진행 여부, 우선은 A보다 B가 안정되어 있다는 사실은 확실하다. 반대로 A와 B 에너지의 차이가 작아지면 어떻게 되는가? 바로 B에서 A로 돌아오는 것이 가능해진다. 즉, 평형 관계에 있는 반응이 되는 것이다. 그 대표적인 것이 [그림 5.1]에서 설명한 카복실산과 알콜의 반응에 의한 에스테르의 생성 반응이다. 생성물인 에스테르는 에스테르화의 반응조건하에 생성한 물에 의해 가수분해를 받아 카복실산과 알콜로 변한다([그림 5.3]). 카복실산, 알콜, 에스테르 모두 비슷한 안정성을 갖는 분자이기 때문에 평형 관계가 된다. 여기서 보통은 에스테르를 높은 효율성으로 얻기 위해 생성한 물을 건조제 등에 의해 제거하는 것을 말한다.

$$R-\underset{\underset{OH}{|}}{\overset{\overset{\cdot\cdot}{O}\cdot\cdot}{C}} + R'OH \underset{\text{에스테르화}}{\overset{\text{에스테르화}}{\rightleftharpoons}} R-\underset{\underset{OR'}{|}}{\overset{\overset{\cdot\cdot}{O}\cdot\cdot}{C}} + H_2O$$

카복실산　　　　　　　　　　　가수분해　　　　에스테르

[그림 5.3] 카복실산의 에스테르화와 에스테르의 가수분해

평형 관계가 되지 않는 경우 즉, A보다 B가 훨씬 안정적이라면 A에서 B까지의 반응이 수월하게 진행되지만 그에 따라 활성화 에너지라고 하는 높은 산이 있다.

이 산의 높이를 낮추기 위해서는 어떻게 하는 것이 좋을까. 바로 촉매라는 것을 사용한다. 이와 같은 반응의 활성화 에너지를 낮추는 물질을 촉매라고 부른다. 그러나 유기화학의 다양한 반응의 구조를 이해하는 데는 전이 상태와 중간체의 역할에 대해 이해하는 것이 중요하다.

⬡ 이중결합에 대한 첨가 반응

유기화학의 반응을 이해하는 데 중요한 중간체란 구체적으로 어떤 것일까. 그 대표적인 예가 이중결합에서의 H^+ 등의 친전자 시약의 첨가 반응에 의해 생성하는 +의 전하를 갖는 카보 양이온 중간체이다. 그런데 이 카보 양이온 중간체는 그 양이온 부분에 알킬기가 다수 결합되어 있을 정도로의 안정감에 대해서는 이미 설명하였다.

안정화의 이유는 양이온 주위 탄소-수소 원자(또는 탄소 원자) δ결합인 δ전자의 양이온

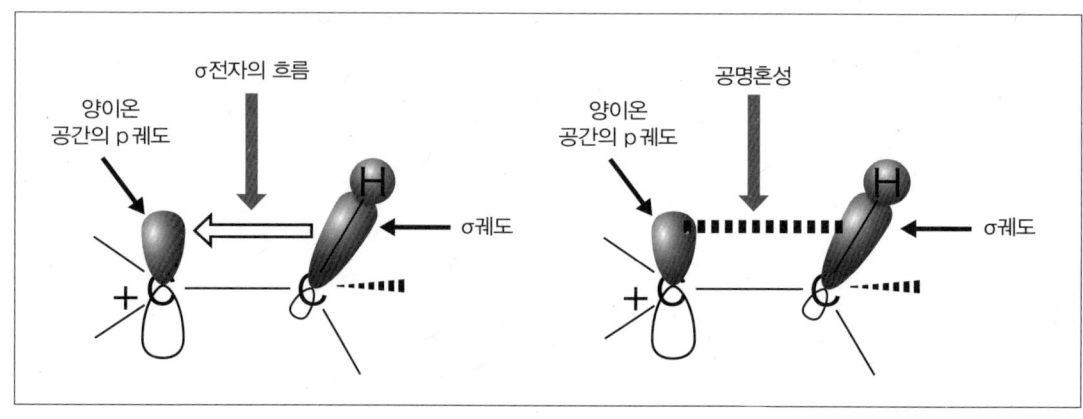

[그림 5.4] 카보 양이온의 안정화 이유

공간에 궤도로 흘러 들어가 즉, δ궤도와 양이온의 p궤도의 공액(conjugation)이라고 부른다)의 효과 때문이다([그림 5.4]).

이중결합에서의 친전자 시약의 첨가 반응에 대해서는 이미 설명했듯이 타입의 첨가 반응 중 브롬의 첨가 반응은 다른 것과는 다른 특징이 있다. 고리형의 알켄인 사이클로헥세인에 대한 브롬 첨가 반응을 이용해 설명하면, 이 반응에서는 두 가지 브롬 원자의 상대적인 위치 관계의 차이에 의해 트랜스체와 시스체의 두 종류의 기하이성체※의 생성이 있다. 실제 반응으로는 선택적으로 트랜스체 만을 생성한다([그림 5.5]).

이 반응의 구조는 [그림 5.5]와 같이 생각된다. 먼저 이중결합의 π전자와 부롬이 반응하여 양이온 중간체(브로모늄 이온 중간체)를 생성하는데, 이때 생성하는 양이온 중간체는 (B)와 같은 구조의 중간체가 아닌 삼각형 구조의 중간체 (A)를 생성한다. 그 때문에 Br^-의 공격 방향에 제약을 발생시켜 트랜스체가 우선적으로 생성된다.

※ 원자의 배열 순서는 같지만 분자의 입체적인 배치 즉, 입체 구조가 다르기 때문에 발생하는 이성체를 총칭하여 입체 이성질체라고 한다. 기하 이성질체, 거울상 이성질체, 배좌(형태) 이성질체 등은 모두 입체 이성질체이다.

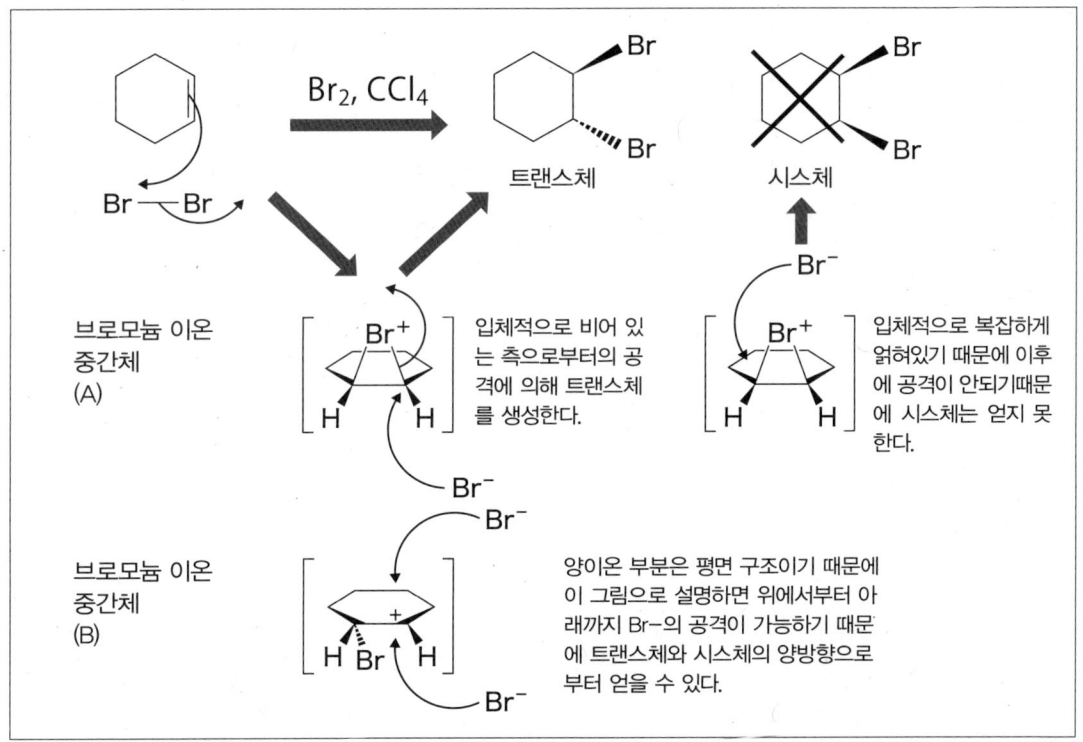

[그림 5.5] 사이클로헥세인에 대한 브롬의 첨가 반응과 그 반응 메커니즘

할로겐화탄화수소의 친핵성 치환 반응

먼저 친핵성 치환 반응에서 친핵성이란 무엇일까. 그 설명부터 시작해 보면, [그림 5.6]과 같은 탄소에 탄소보다 전기음성도가 높은 할로겐 원자 X(Cl, Br 등)가 결합하면 그 결합에 필요한 전자(σ전자)가 할로겐원자 쪽으로 당겨져 그 결과 C-X 결합에서 전하의 편향이 발생한다. 즉, 할로겐 원자 X가 살짝 마이너스의 전하를 많이 갖게 되고 ($\delta-$), 반대로 탄소 원자는 약간의 +원자를 갖는 ($\delta+$)과 같아진다.

이와 같은 분자(기질이라고 한다)에 대해 OH-와 같은 전자가 풍부한 분자 등(친핵제 또는 친핵 시약이라고 한다)이 존재하게 되면 기질의 $\delta+$을 띤 탄소 원자에 접근하여 결합을 만들려고 한다(친핵공격이라고 한다). 이와 같은 기질에 대해 결합을 만들려고 하는 H^+와 같은 원자나 분자 등을 친전자제 또는 친전자 시약이라고 하고 있다.

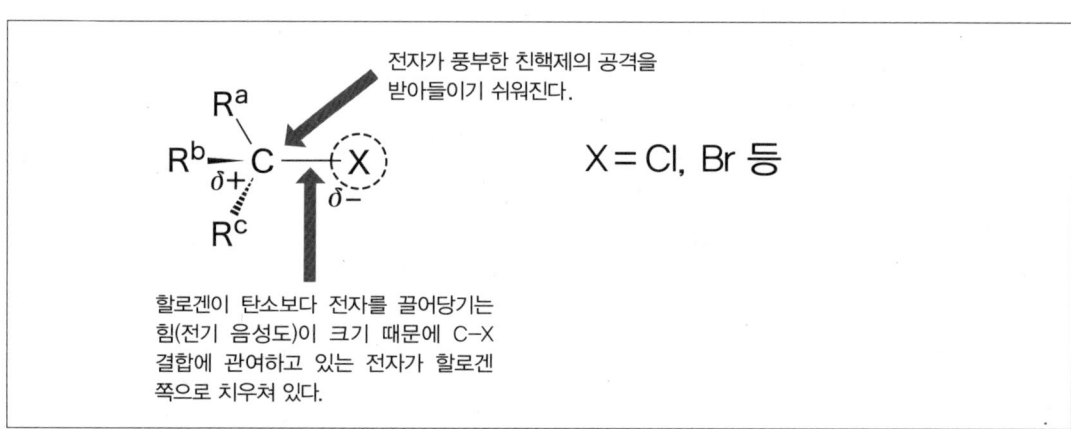

[그림 5.6] 할로안칸의 구조

그럼 친핵 치환 반응에 대한 이야기로 돌아가면, 앞에서 설명했듯 할로겐화 탄화수소는 [그림 5.6]과 같은 구조상의 특징을 갖고 있다. 이 그림과 같이 탄소 원자에 전기 음성도가 큰 할로겐 원자가 결합하는 것으로 결합에 관여하는 σ전자가 할로겐 원자 쪽으로 끌어당겨진다(σ결합을 통한 분극 효과를 유기 효과라고 한다). 그 결과 탄소 원자의 전자가 부족해져 전자가 풍부한 친핵제로부터 공격을 받게 되어 [그림 5.7]과 같은 친핵치환 반응을 일으키게 된다. [그림 5.7]의 구체적인 예로 좀 더 설명하면, 친핵치환 반응이란 OH^- 같은 전자가 풍부한 친핵제가 브롬 화합물의 Br에 결합한 탄소를 친핵 공격으로 Br을 몰아내는 대신 OH의 탄소 원자 O가 탄소 원자 C와 새로이 결합하여 그 결과 알콜을 생성하는 반응이다. 결과적으로 Br의 기질이 OH로 변환하기 때문에 치환 반응이라고 한다.

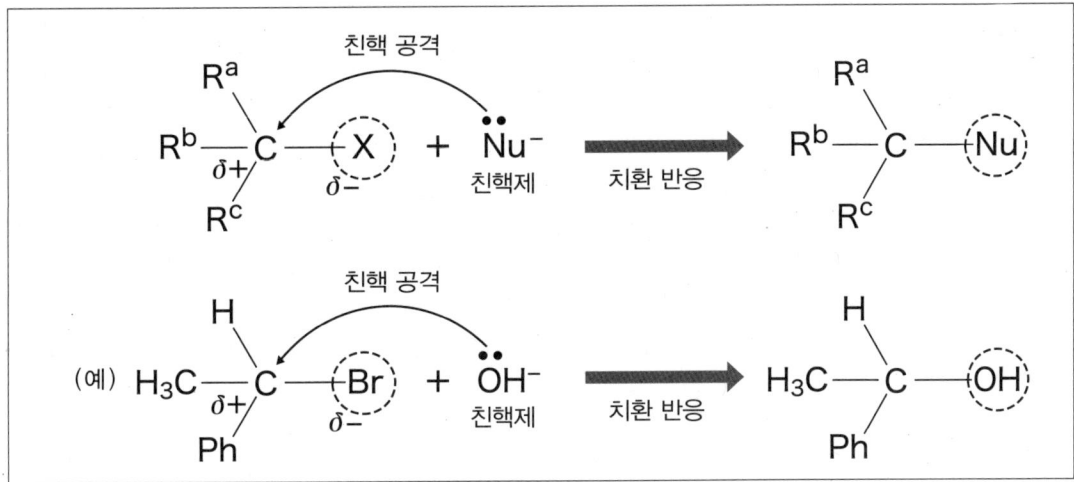

[그림 5.7] 할로알케인의 친핵성 치환 반응과 그 반응의 예

1. 친핵성 치환 반응의 진행 방법

이 친핵성 치환 반응은 어떻게 진행되는지 상세하게 알아보자. 친핵성 치환 반응에는 크게 두 가지의 반응 구조가 있다는 것은 이미 알고 있을 것이다. [그림 5.8]에 나타낸 일분자 친핵치환 반응(S_N1)과 이분자 친핵치환 반응(S_N2)이다(S_N이란 영어로 친핵치환 반응 Nucleophilic Substitution 두 단어에서 두 개의 문자를 딴 것이다). 각각 2단계에서 진행되는 반응(카보 양이온 중간체를 거쳐)과 1단계에서 진행되는 반응, 두 종류의 다른 반응 기구를 갖고 있다. S_N1의 경우에는 최초 할로겐의 이탈에 가장 에너지를 필요로 하는 단계이다. 즉, 할로겐화탄화수소만으로 반응이 진행될 것인가의 여부를 일분자라고 부르고 있다. 반면 S_N2에서는 할로겐화탄화수소에 친핵 공격을 하면, 동시에 할로겐 원자가 제거돼가는 전이 상태를 거쳐가는 것. 즉, 할로겐화탄화수소와 친핵제의 두 가지 분자가 공동 작업하는 것으로, 처음으로 반응이 진행되는 것에서 이분자라고 부르고 있다.

이 두 가지 반응의 구조를 에스테르화의 반응에서 설명했던 에너지의 관계에서 생각해 보자. [그림 5.8]을 보고 있는 한 모두 2단계의 반응으로 볼 수 있다. 양쪽 모두 〔 〕로 둘러싸인 것을 거쳐 두 화살표로 연결되어 있으며, 다른 것은 중간체와 전이 상태이다. 이미 설명했지만, 이 두 가지의 차이는 화학 반응을 생각한 후 굉장히 중요하기 때문에 어떻게 다른지 상세하게 설명하겠다. 반응이 진행되기 위해서는 단순히 반응하는 것끼리(여기서는 기질과 친핵제)를 섞어도 반응은 일어나지 않는다. 어느 정도의 열(정확하게는 에너지라고 하는 것이 좋다)이 필요한 것이다. [그림 5.9]의 왼쪽 그림 S_N2를 보자. 반응이 진행된다고 하는 것은 에너지의 산을 넘는 것이다.

즉 반응이 진행되기 위해서는 산을 넘기기 위한 에너지가 필요하다. 이 에너지를 활성화 에너지라고 한다는 것은 앞에서 설명했다. S_N2 반응에서는 출발물에서 시작하여 하나의 산을 넘으면 생성물에 도달할 수 있다. 이 산 정상에 해당하는 곳에서는 한순간도 머무를 수 없고, 산을 넘어선 순간 생성물이 발생하게 된다.

이 산의 정상에 해당하는 것이 전이 상태이다. 그러나 S_N1 반응에서는 [그림 5.9]의 왼쪽 그림과 같은 하나의 산을 넘어도 생성물에는 가지 않는다. 넘어도 산 정상보다 약간 에너지가 낮은 계곡 같은 장소에 일단 착지하게 되는 것이다. 그 뒤 최초로 넘어야 하는 에너지의 산보다 얕은 에너지의 산을 넘어 겨우 생성물에 도달하는 것이다. 이 계곡에 다 다르는 것이 카보 양이온 중간체가 된다. 따라서 2개의 산을 넘어야만 하는데, 즉 2단계의 반응이라고 하는 것이 된다.

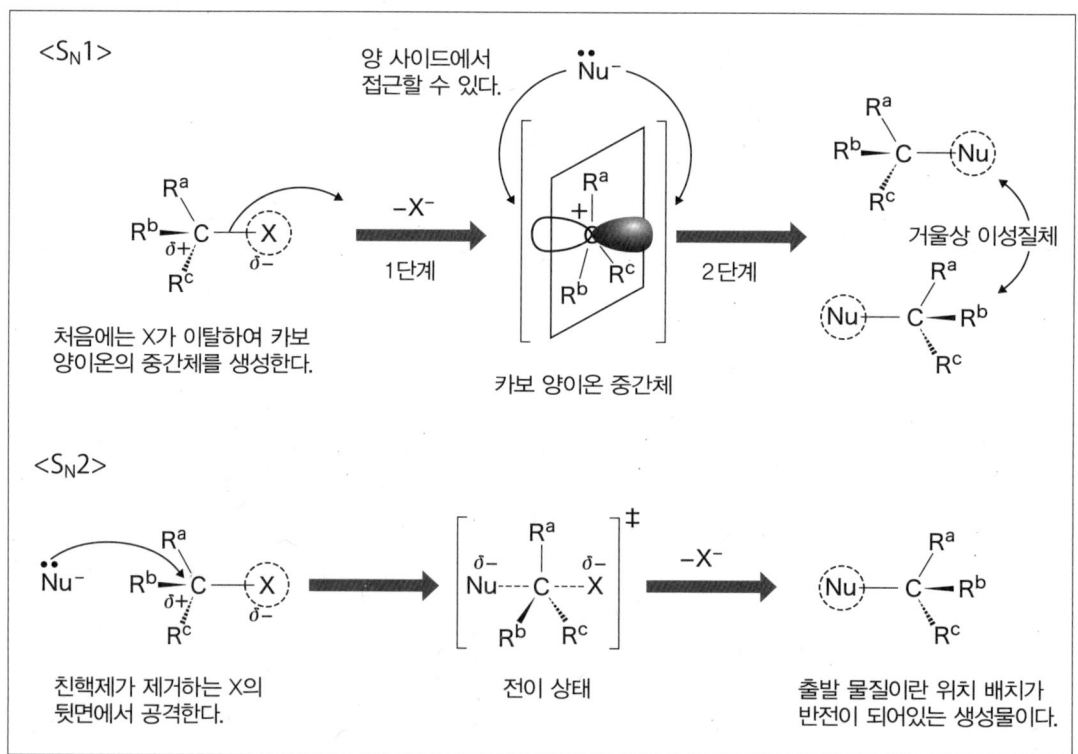

[그림 5.8] 할로겐화탄화수소의 친핵치환 반응의 두 가지 반응 기구

두 가지 반응 기구에 대해 좀 더 상세하게 알아보자. S_N1에서는 먼저 할로겐화물 이온 X^-가 제거되어 카보 양이온 중간체를 생성한다. 앞서 설명했듯이 카보 양이온 중간체는 평면 분자이기 때문에 [그림 5.8]과 같이 양 사이드에서 친핵제를 가까이할 수 있다. 만약 출발

화합물의 할로겐과 결합한 탄소 원자가 비대칭 탄소(Ra, Rb, Rc 모두가 다른 원자 또는 원자단)면, 생성하는 화합물은 두 개의 거울상 이성질체의 1 : 1의 혼합물(라세미체라고 한다)을 얻을 수 있다. 한편 S_N2의 경우에는 할로겐의 뒷면에서 탄소 원자에 친핵제가 공격하는 것에서 부제 탄소의 부재가 마치 우산이 강한 바람으로 뒤집혀지듯 변화하는 것이 된다. 이것을 입체 배치의 반전이라고 한다.

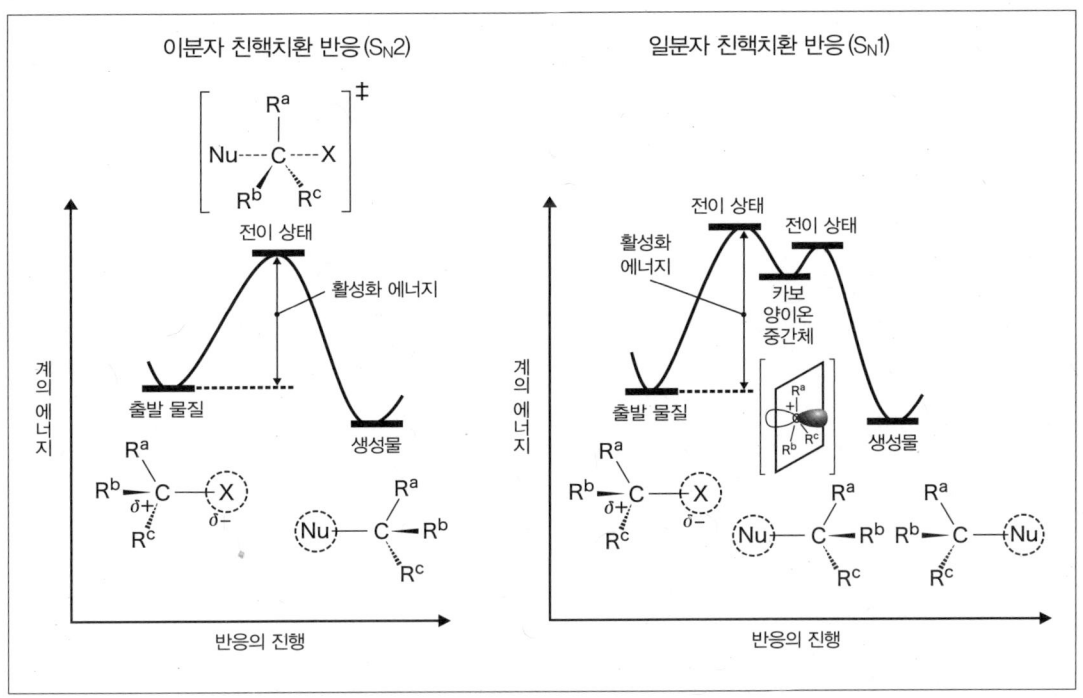

[그림 5.9] 할로겐화탄화수소의 두 가지 친핵치환 반응의 진행에 따른 에너지의 변화

그런데 실제로 분자에서는 어떤 경로로 반응이 진행되어 있을까. 이 반응경로의 특징을 생각하면 예상할 수 있다. 먼저 S_N1은 카보 양이온의 중간체를 안정화하는 경우에 이 경로에서 반응이 진행하기 쉽다고 한다. 예를 들어 Ra, Rb, Rc 모두 CH_3일 경우, [그림 5.4]에 표현한 이유에서 카보 양이온의 중간체가 될 것으로 추정된다. 더욱이 이런 경우 모두 CH_3인 것에서부터 탄소 원자의 뒷면에서부터의 친핵제에 접근이 입체적으로 복잡하게 되어 있다. 즉, 친핵제에서 보면 반응에 의해 결합할 예정의 $\delta+$ 탄소 원자가 3개의 CH_3에 뒤덮여 있는 상태가 되어있다. 이 때문에 S_N2에서의 반응 진행은 곤란하게 되었다. 또 이 3개의 CH_3는 서로 입체 반발 때문에 불안정 요인을 갖고 있다. 그러나 카보 양이온 중간체가 되는

것으로 이 입체 반발이 해제된다. 따라서 이 경우에는 S_N1에서 진행하기 용이하다는 예측을 할 수 있다. 실제로 보고되어 있는 반응의 예는 이 예상과 일치한다는 것을 알 수 있다.

⬣ 할로겐화탄화수소의 제거 반응

다음으로 제거 반응에 대해 알아보자. 할로겐화탄화수소는 친핵치환 반응이 진행되는 조건으로 치환생성물뿐 아니라 제거 생성물을 준다. 친핵제는 전자가 풍부하므로 염기이기도 하다. 그 때문에 [그림 5.10]과 같이 β수소($\delta+$)가 되어 있는 탄소의 옆에 탄소와 결합되어 있는 수소)의 끌어당김에 대한 반응(수소 원자를 $H+$의 형태에서 빼앗기는 반응)을 일으킨다. 그 결과 제거 생성물을 전하게 된다.

제거 반응에도 일분자 제거(E1)와 이분자 제거(E2)의 기구가 있다. [그림 5.11]에 나타나 있듯 S_N1과 S_N2의 반응기구와 기본적으로는 같다고 보는 사고이다.

치환 반응과 제거 반응의 차이는 친핵제(염기)의 공격부위가 α탄소인지 β수소인지의 차이이다. 즉, 반응 중간까지는 같은 경로로 진행하는 것이다.

이것으로 통상 치환 반응과 제거 반응은 경합하여 방향의 생성물이 얻어지는 것이다. 그러나 일반적으로 제거 반응 쪽이 높은 온도(에너지)가 필요하다. 즉, 반응의 진행에 필요한 활성화 에너지가 큰 것이다. 따라서 반응온도 등의 조건을 잘 조절하는 것으로 치환 반응이나 제거 반응 쪽이 먼저 발생 가능하다.

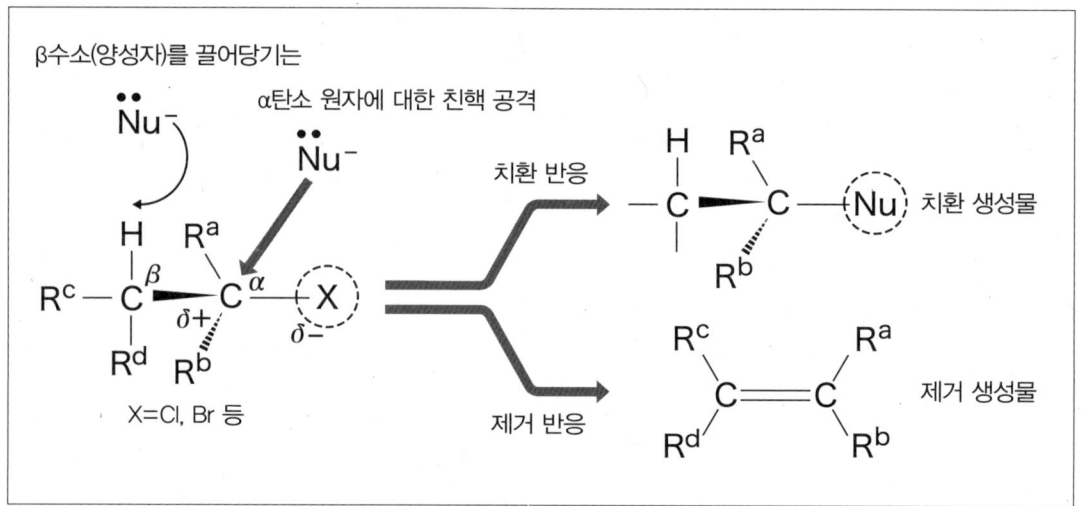

[그림 5.10] 할로겐화탄화수소의 치환 반응과 제거 반응

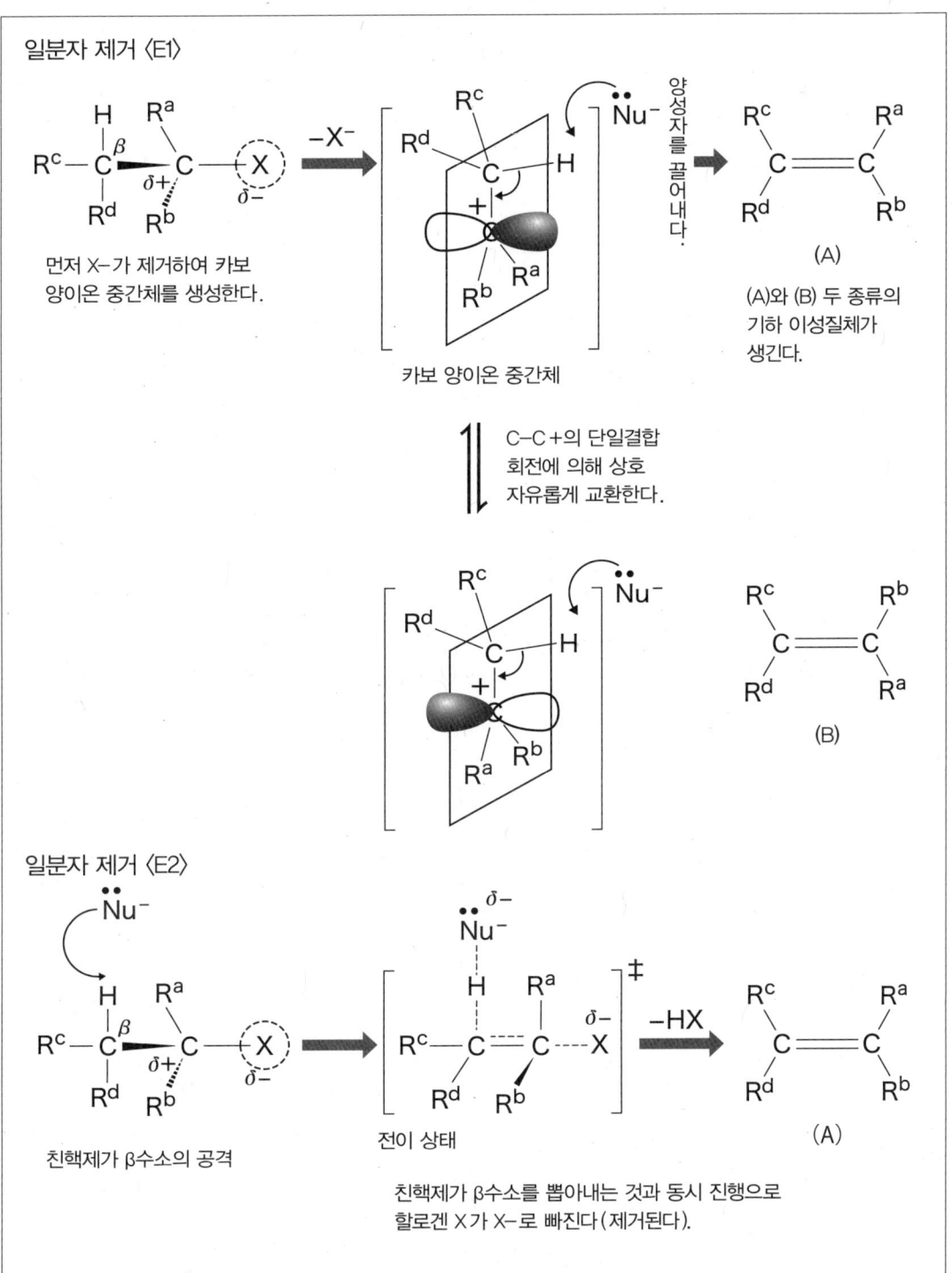

[그림 5.11] 할로겐화탄화수소 제거 반응의 두 가지 반응 기구

제거 반응 생성물인 알켄은 출발물질인 치환기 R^a, R^b, R^c, R^d에 의해 기하 이성질체의 존재를 생각할 수 있다. 그림 5.11 E1 반응의 기구 부분에 쓰여 있으며, (A)와 (B)의 기하이성체이다(R^a와 R^c가 같은 측에 있는 것과 반대 측에 있는 것으로 2종류이다). E1의 반응 기구에서는 중간체인 양이온의 C-C$^+$의 단일결합이 자유롭게 회전 가능하기 때문에 R^a와 R^c나 R^d와의 상대적인 위치관계에 자유롭게 변화시킬 수 있다. 그 결과 두 개의 기하 이성질체 (A)와 (B)의 생성이 가능해진다. 즉 생성물의 입체구조에 대해서는 선택성은 없다. 한편 E2 기구의 경우에는 [그림 5.12]와 같은 입체배좌 즉, 이탈하는 두 가지의 원자 H와 X가 반대의 위치 관계(역입체 구조)에 있는 구조에서 제거 반응이 진행된다는 것을 알 수 있다. 따라서 이 기구에서는 [그림 5.11], [그림 5.12]에 나타낸 입체 화합물 즉, (A)밖에 생성되지 않는다.

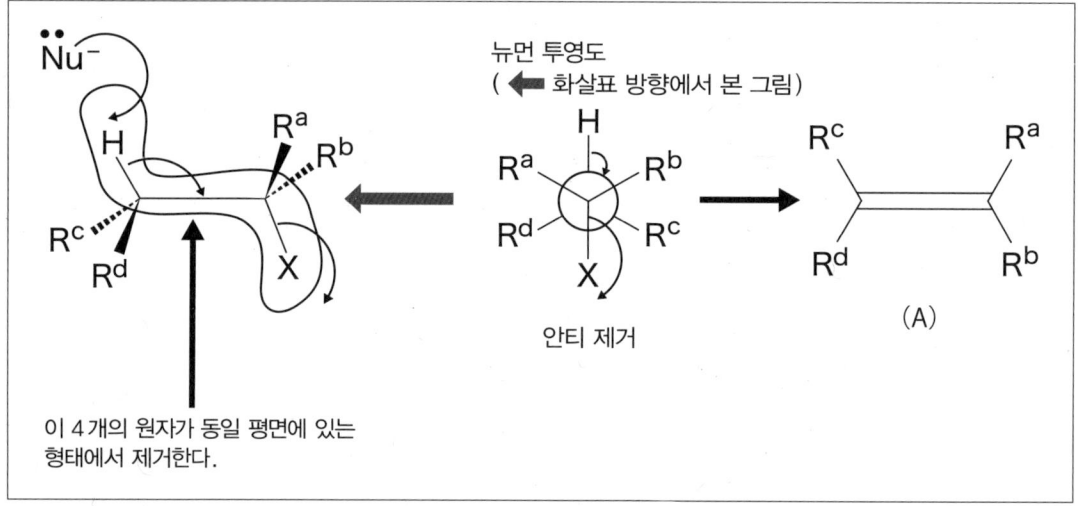

[그림 5.12] E2 반응 기구에서 전이 상태의 배좌

더욱이 제거 반응에는 또 하나의 선택성이 존재한다. 그것은 [그림 5.13]에 나타낸 위치 선택성이라고 하는 것인데 제거 할 수 있는 수소 원자가 2종류인 경우 2종류의 생성물을 얻을 가능성이 생긴다. 이런 경우에는 생성물의 열역학적 안정성에 의해 결정된다. 즉 더욱 안정적인 생성물을 만들어낼 수 있으며, 그 안정성은 [그림 5.14]에 나타냈다.

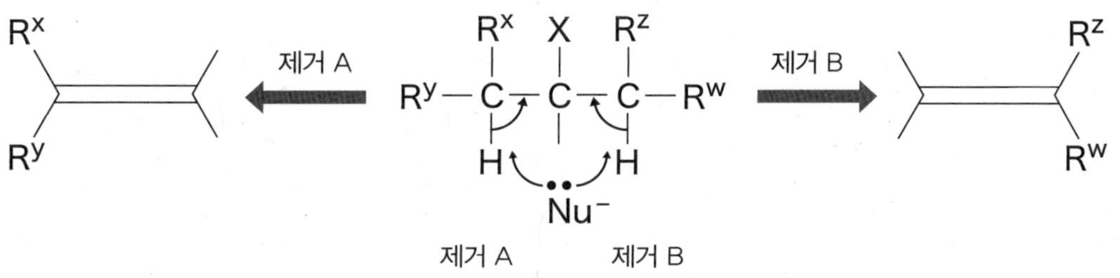

[그림 5.13] 제거 반응의 위치 선택성

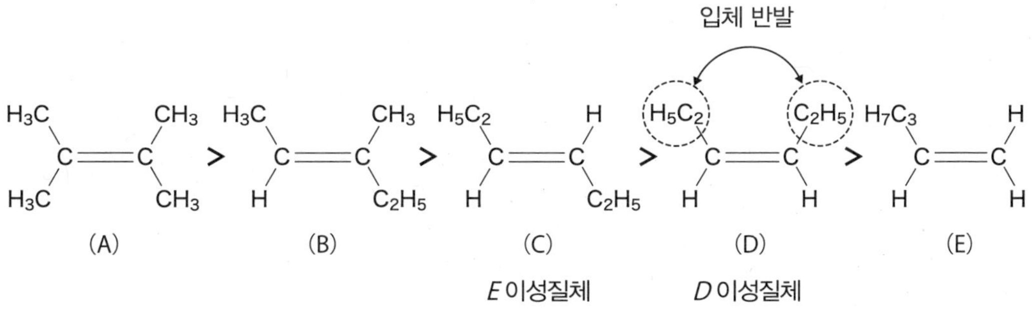

[그림 5.14] 알켄 C_6H_{12}의 안정성

[그림 5.14]의 알켄의 안정성은 우선 위치하고 있는 알킬기(CH_3, C_2H_5 등)가 많으면 많을수록 안정된다. 이것은 [그림 5.15]에 나타낸 공명혼성이 효과적으로 작용하기 때문이다. 그리고 (C)와 (D)의 기하 이성질체 간의 안정성 차이는 치환끼리의 입체 반발 유무에 따라 달라진다.

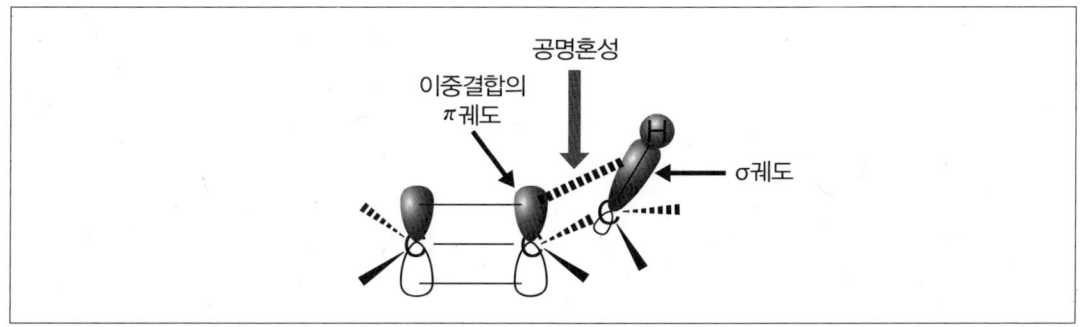

[그림 5.15] 공명혼성의 구조

제5장 유기화합물의 반응

벤젠의 반응(방향족 친전자 치환 반응)

벤젠계 방향족 화합물의 대표적인 반응인 방향족 친전자 치환 반응을 [그림 5.16]에 정리했다. 전자의 풍부한 벤젠환을 목표로 친전자 시약 E^+가 추가되는 부분부터 방향족 친전자 치환 반응이 시작된다. 실제로 일어나는 반응에서는 아래의 (1)~(3)에 나타나있듯이 시약에서 생성된 친전자성 반응 활성종 Br^+, NO_2^+, SO_3H^+ 등이 벤젠의 풍부한 π전자에 부가하는 순간부터 반응이 시작된다. 그러나 [그림 5.16]의 반응을 보면 의아한 생각이 들 것이다. 벤젠환의 π전자를 예로 들면, Br^+가 추가되면 벤젠환의 이중결합의 하나가 단일결합이 되지 않을까 라고 생각할 것이다. 그러나 실제로는 추가 생성물이 아닌 벤젠에 수소 원자 하나가 브롬 원자로 옮겨져 치환 생성물을 얻을 수 있다. 이 의문에 대한 대답은 반응의 메커니즘을 생각하면 얻을 수 있다.

(1) 브롬화 Br_2와 $FeBr_3$에서 Br^+
(2) 나이트로화 농질산+농염산 NO_3^+
(3) 설폰화 발연황산 SO_3H^+

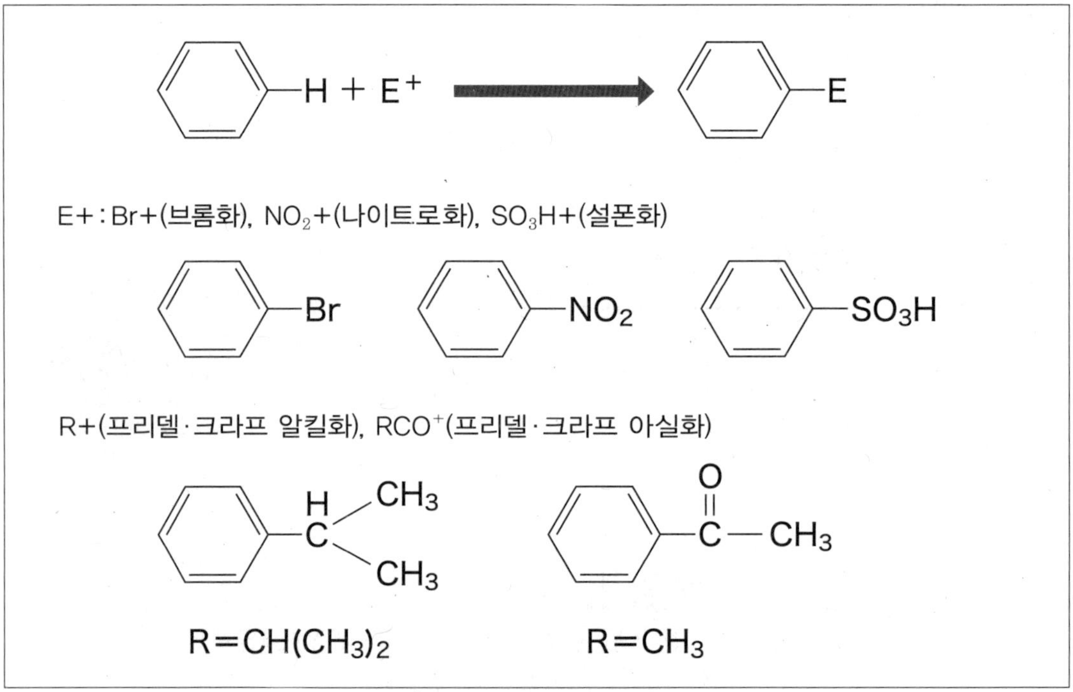

[그림 5.16] 방향족 친전자 치환 반응

방향족 친전자 치환 반응의 기구를 [그림 5.17]에 나타냈다. 벤젠의 π결합에 E^+가 친전자 부가하여 카보 양이온 중간체를 생성하게 되는데, 이 중간체는 그림으로 표시한 것과 같이 공명에 의해 안정화된다. 여기까지는 지금까지 설명해 왔던 이중결합에 대한 친전자 추가 반응과 같다. 여기서부터 방향족 화합물의 특별한 성질이 중요한 열쇠를 쥐고 있다. 이미 설명한 바와 같이 벤젠 고리는 단순히 이중화합이 3개의 고리형으로 결합된 화합물이 아니다. 방향족성이라고 하는 굉장한 안정성을 획득하고 있는 분자이다. 이 때문에 통상의 이중결합을 갖는 화합물, 알켄류와는 크게 다른 반응성을 나타낸다. 보통 이중결합은 브롬 분자나 염화수소 등과 쉽게 첨가 반응을 보인다. 예를 들면 브롬은 갈색의 액체이다. 이 브롬을 알켄에 더하면 브롬의 색깔이 없어지고 무색이 된다. 그러나 벤젠 고리를 갖는 화합물에 브롬을 첨가해도 갈색인 채로 전혀 변화하지 않는다. 즉, 브롬과는 반응하지 않는다. 브롬 원자를 벤젠 고리의 이중결합으로 추가시키기 위해서는 굉장히 반응성이 높은 Br^+가 필요하다. 이 때문에 처음에 설명한 것처럼 시약이 필요하게 된다.

  벤젠 고리에 대한 친전자 시약의 첨가에 의해 생성한 카보 양이온 중간체는 어느 정도의 안전성을 갖고 있다. 그러나 벤젠 고리가 갖는 방향족성이라고 하는 안전성에 비교하면 미미한 정도이다. 그때문에 카보 양이온 중간체는 H^+를 방출하는 것으로 방향족화에 의한 반대한 안정화 에너지를 얻어 다시 벤젠환을 갖는 화합물이 된다. 이것이 방향족 친전자 치환 반응이다.

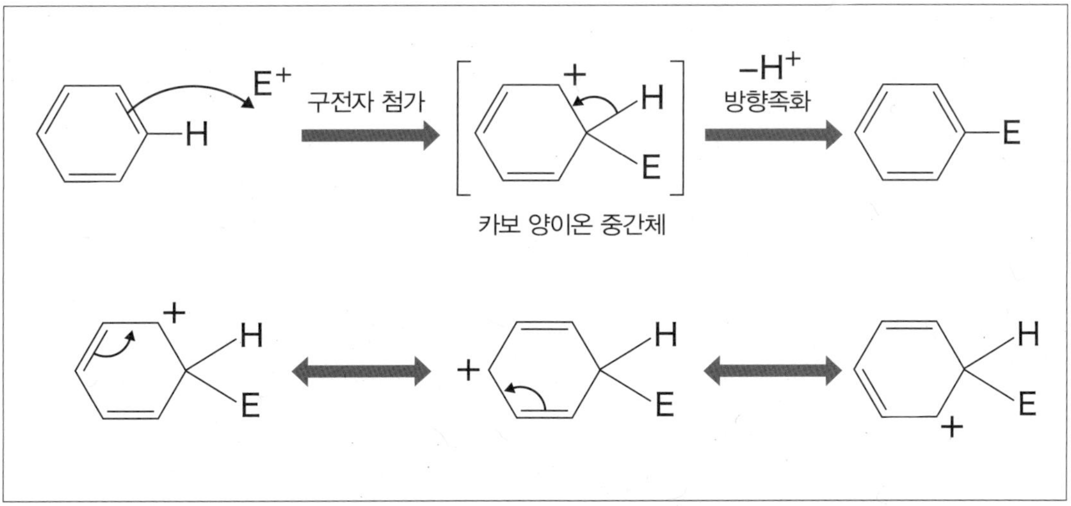

[그림 5.17] 방향족 친전자 치환 반응의 반응 기구

방향족 친전자 치환 반응에는 더 재미있는 특징이 있다. 벤젠 고리에 하나의 치환기가 치환한 모노치환 벤젠 화합물의 친전자 치환 반응에 대해 생각해 보자. 먼저 치환기가 도입된 것에 의해 벤젠환의 반응성이 어떻게 변화하는가 즉, 높아지는지 낮아지는지에 대해 [그림 5.18]에 정리했다.

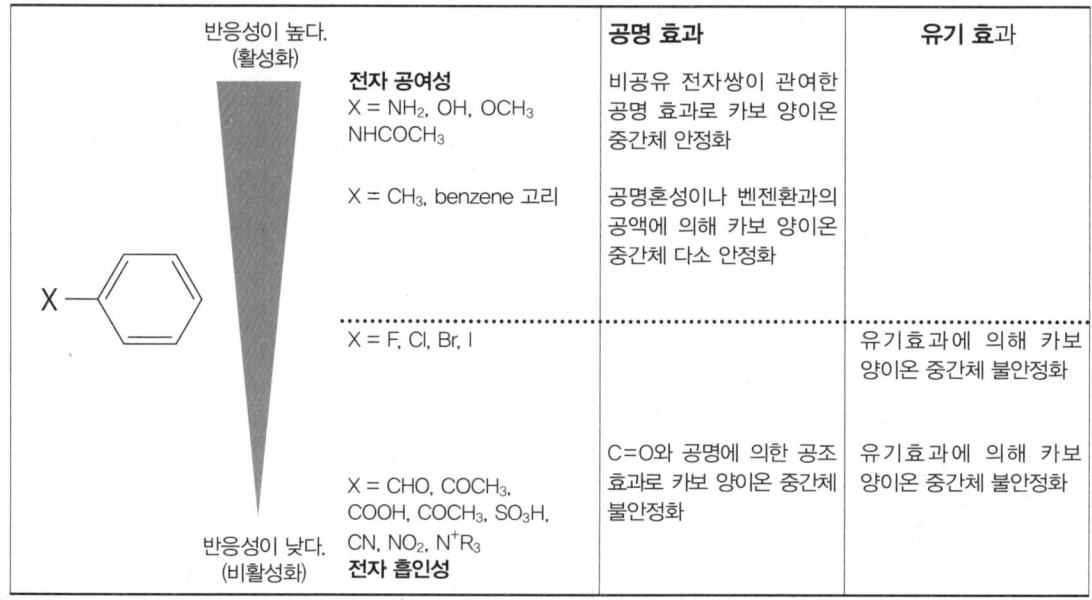

[그림 5.18] 방향족 친전자 치환 반응성에 주는 치환기의 효과

[그림 5.18]에 나타낸 것과 같이 벤젠 고리의 반응성에는 공명효과와 유도 효과가 크게 연관되어 있다. 특히 공명 효과는 방향족 화합물의 반응성에 있어서 중요하다. 치환기에는 벤젠환에 전자를 전달하는 능력(전자 공여성)을 갖는 치환기와 반대로 전자를 빼앗아 버리는 능력(전자 흡인성)의 치환기가 있다. [그림 5.17]에 나타낸 반응 메커니즘에서 벤젠환의 전자 밀도가 높을수록 반응이 보다 쉽게 일어난다는 것을 알 수 있다. 즉 치환기의 전자 공여성이 크면 클수록 방향족 치환 반응의 반응성이 커지고 반대로 치환기의 전자 흡인성이 커지면 커질수록 방향족 친전자 치환 반응이 일어나기 어려워지는 것이다. 예를 들어 아미노기 NH_2의 치환한 아닐린은 방향족 친전자 치환의 반응 쉽게 일어나는 것에 반해 니이트로기 NO_2의 치환한 니이트로벤젠은 반응하기 어려워진다.

그러나 벤젠환에 하나의 치환기가 치환한 모노치환벤젠화합물에는 반응성의 문제와 더불어 배향성의 문제가 있다. 배향성이란 [그림 5.19]에서 나타낸 것처럼 두 번째의 치환기가 첫 번째 치환기에 대해 어떤 위치로 치환하는가이다. 그 치환의 방식에는 3종류가 있으며,

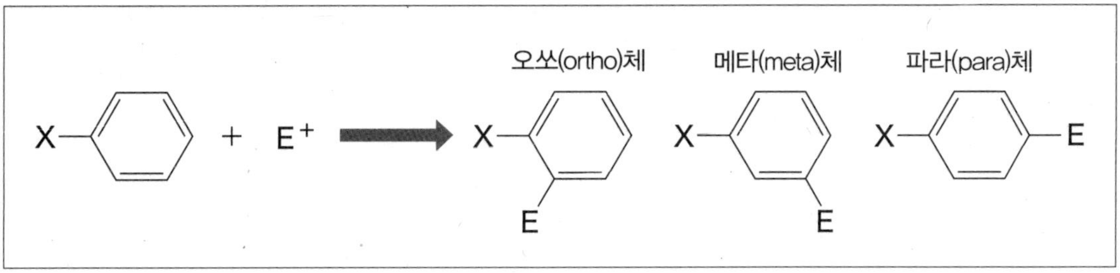

[그림 5.19] 방향족 친전자 치환 반응의 배향성

생성하는 치환체는 오쏘체, 메타체, 파라체라고 한다.

그렇다면 두 번째 치환기가 어떤 위치에 들어가고, 어떻게 하여 결정되는 것일까. 이 배향성에 대해서도 카보 양이온 중간체에 대해 생각해보면 배향성의 문제를 쉽게 이해할 수 있게 된다. [그림 5.20]과 같이 각각의 공격에 의해 생성된 양이온은 3종류의 구조에 의해 안정화되어 있다. 그러나 이 안정화는 처음으로 치환되어 있는 치환기가 전자를 공급하는 성질, 반대로 전자를 빼앗는 성질을 갖고 있느냐에 따라 크게 영향을 받는다. 카보 양이온 중간체에서 중요한 것은 오쏘와 파라의 점선으로 둘러싸여 있는 구조이다([그림 5.20]). 이것들 모두 치환기의 근본에 양이온이 있는 구조이다. 벤젠 고리의 반응성을 높이는 전자 공여성 치환기(OH, NH_2 등)의 경우에는 이런 치환기가 갖고 있는 비공유 전자쌍에 의한 전자 공여성의 효과에 의해 이 점선으로 둘러싸인 구조의 안정성이 증가한다. 그러나 메타 공격의 양이온 중간체에는 이와 같은 안정화는 없다. 즉 메타 보다도 오쏘와 파라로 치환하는 편이 중간체의 양이온이 안정화되기 때문에 오쏘와 파라로 추가 반응이 우선으로 진행하게 된다.

그 결과 오쏘 치환체와 파라 치환체가 메타 치환체로 먼저 생산하는 것이 된다. 실제로 이 작용기의 치환된 벤젠계 화합물은 오쏘, 파라의 치환체를 생성하는 경향을 나타내고 이것을 오쏘, 파라 배향성이라고 한다. 한편 불활성 치환기, 즉 벤젠 고리로부터 전자를 빼앗는 성질의 NO_2 등의 전자 흡인성 치환기의 경우에는 반대로 점선으로 둘러싸여 있는 구조의 불안정성이 증대한다. 그 결과 불안정화의 요인이 없는 메타체가 우선 생성하게 되는데, 그것을 메타 배향성이라고 한다.

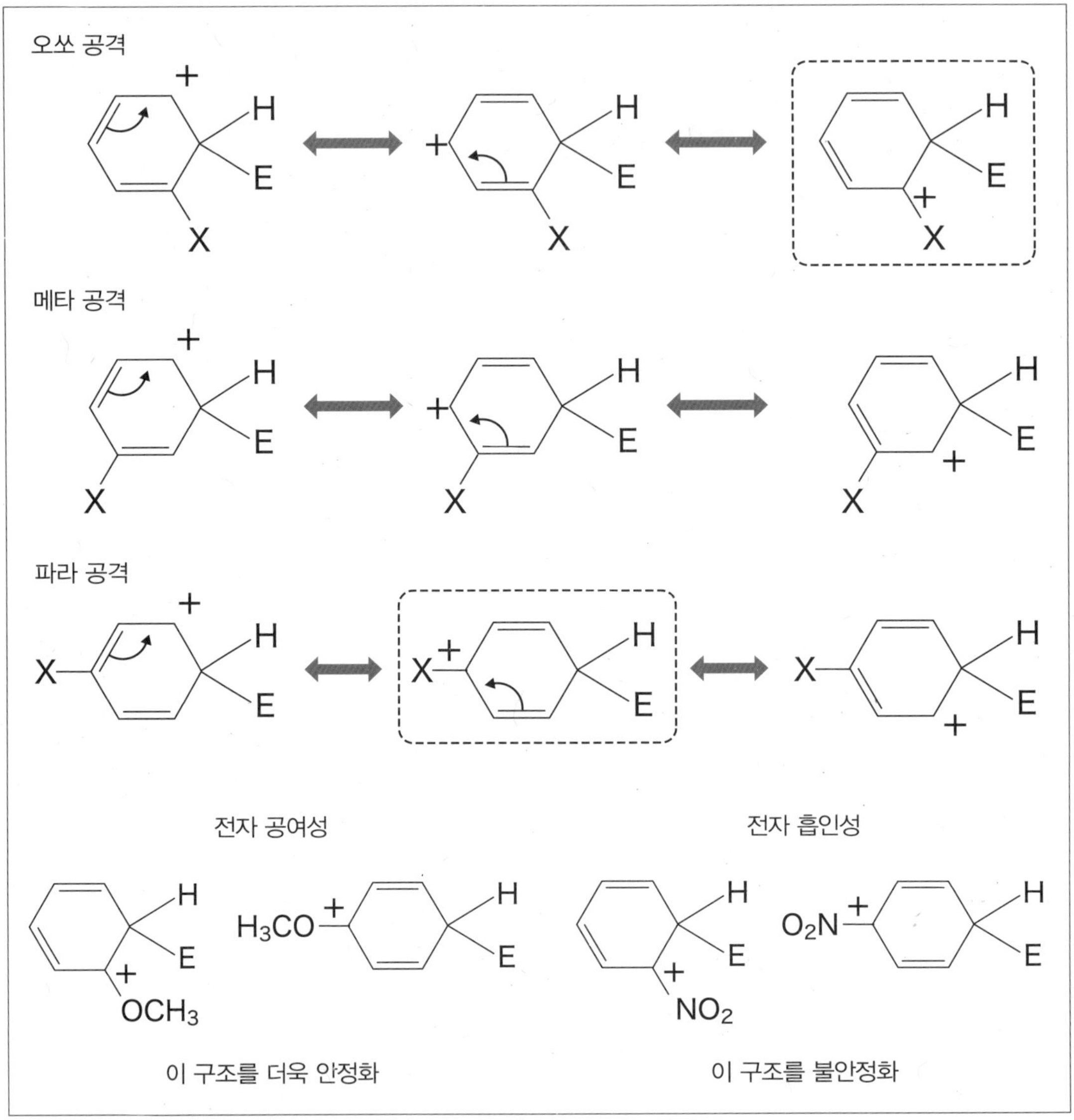

[그림 5.20] 방향족 친전자 치환 반응의 배향성을 결정하는 요인

벤젠 고리에는 이와 같은 반응성의 특징이 있기 때문에 다양한 화합물의 합성에 이용되어 우리들의 생활을 풍부하게 하는 데 도움이 되고 있다.

> 칼럼

물질의 성질을 조정하는 힘; 유기화학 반응

　유기화합물의 성질을 결정짓는 큰 요인 중 하나가 작용기의 차이이며, 이 작용기의 변환이 유기화학 반응의 중요한 특징이라 할 수 있다. 그 예로 벤젠의 반응에 대해 알아보자. 벤젠은 탄소 원자와 수소 원자로만 구성된 탄화수소 화합물로 물에 녹지 않는 지용성 화합물이다. 이 벤젠은 방향족 친전자 치환의 반응 중 하나인 설폰화에 의해 벤젠설폰산이 된다. 이 화합물은 수용성이다. 반면 벤젠을 나이트로화하여 얻을 수 있는 나이트로벤젠은 벤젠과 같은 지용성으로 거의 물에는 녹지 않는다. 그런데 이 나이트로벤젠을 환원함으로써 얻어지는 아닐린은 물에 조금 더 쉽게 녹는다. 게다가 염기의 성질을 띤다.

　여기서 앞서 등장했던 벤젠설폰산에 주목해 보자. 이 화합물은 산성이다. 이렇게 쓰여 있어도 이상한 것을 느끼지 못할 것이다. 그러나 잘 생각해 보면 약간의 반응에 의해 정반대의 성질이 되어버린다. 물질에 엄청난 변화가 일어나고 있다.

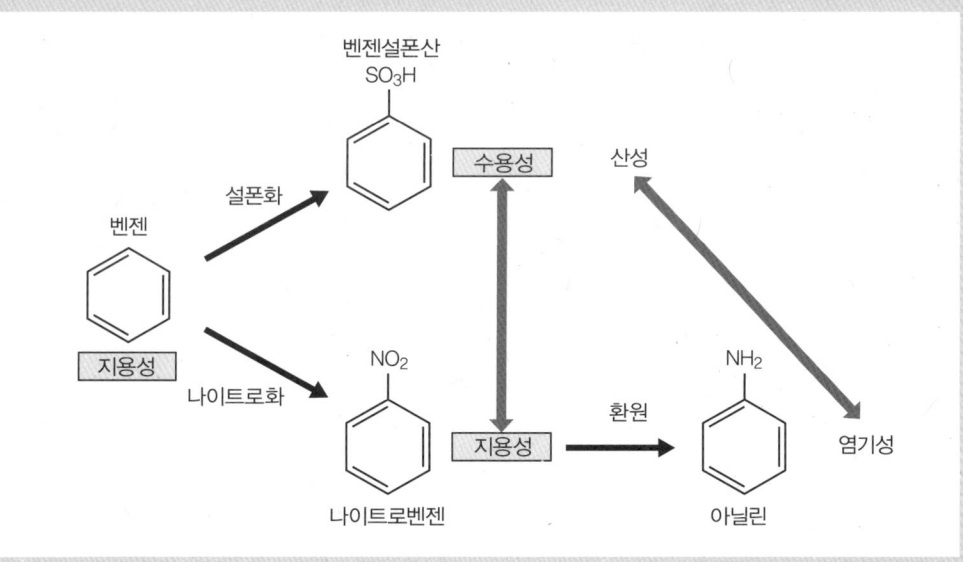

[그림] 벤젠 작용기의 변화와 그에 따른 성질의 변화

제5장 유기화합물의 반응

그런데 많은 유기화합물은 분자 속에 몇 가지의 다양한 작용기를 갖고 있다. 그 때문에 분자로서 다양한 성질을 나타낸다. 아미노산은 산성을 나타내는 COOH와 염기성의 NH_2의 두 가지 작용기를 갖고 있다. 더욱이 아미노산의 안에는 COOH가 두 개가 있는 화합물도 있으며 산염기성에 대해서도 다양한 성질을 갖는 유기화합물이 떠오를 것이다. 유기 화합물은 화학 반응의 힘을 빌려 다양한 성질을 갖는 화합물로 변화해가는 변환자재 물질이다.

제5장 유기화합물의 반응

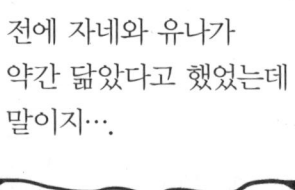

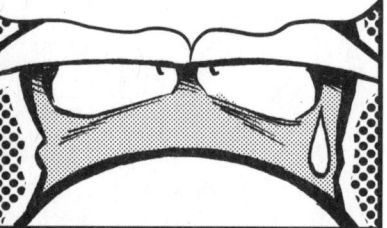

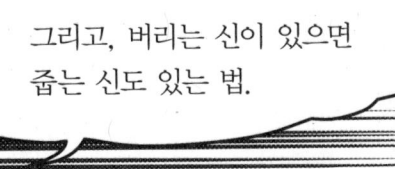

부록

생체를 구성하고 있는 유기화합물

⬢ 생체를 구성하는 주된 유기화합물의 개관

유기화합물은 본래 생물체에 존재하고 있는 화합물을 가리키는 것이었다. 대표적인 것으로는 단백질, 지질, 당질(탄수화물) 등이 있다. [그림 A.]1에 이런 화합물의 개요를 정리했다. 이 물질의 분자는 지금까지 많이 다뤄졌던 분자와 비교해 매우 큰 거대 분자이다. 그러나 유기화합물인 것은 변함이 없다. 이 성질도 그 기본은 지금까지 설명해왔던 유기화합물의 성질을 통해 생각할 수 있다. 생물의 몸을 구성하고 있는 유기화합물인 단백질, 지질, 그리고 당질(탄수화물)을 분자 세계에서 의미하는 각각의 특징에 대해 알아보자.

	당질(탄수화물)	지질	단백질
구성 단위	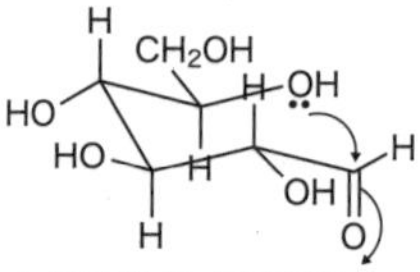 단당류 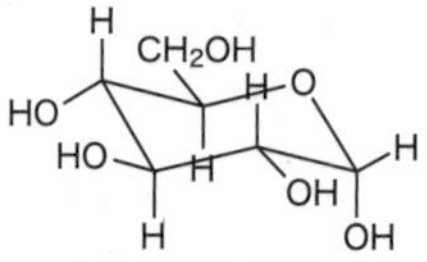 α-D-글루코피라노스 α-아노머 ⇅ 사슬형 D-글루코오스 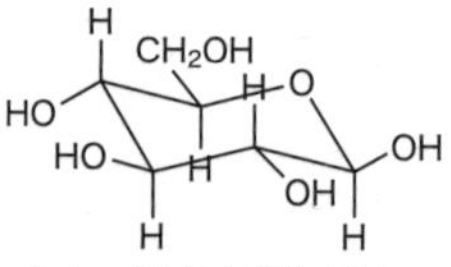 ⇅ β-D-글루코피라노스 β-아노머	지방산 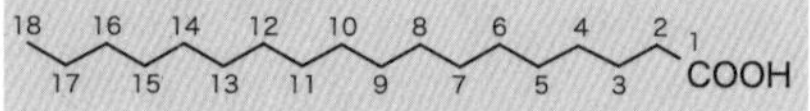 스테아린산 (옥타데칸산) 이소프렌	α-아미노산 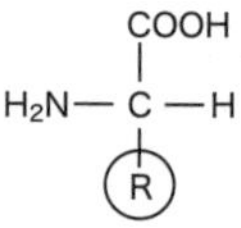 α-아미노산
자연계 존재 형태	수크로오스(이당류) 셀룰로오스 녹말	글리세롤 테르펜(이소프레노이드)	효소 헤모글로빈
용도	에너지원 생체 구조의 유지 분자, 세포의 인식	생체 에너지의 저장 세포막의 구성 세포간 신호 전달	생체 물질의 변환 생명 활동의 유지

[그림 A.1] 생체를 구성하는 대표적인 유기화합물

단백질

먼저 단백질이란 무엇인가. 단백질은 주로 탄소와 수소로 만들어져 질소와 산소 또는 유황이 더해진 유기화합물이다. 그러나 지금까지 예로든 유기화합물과는 결정적으로 다른점이 있는데 그것은 바로 분자의 크기이다. 유기화합물을 구성하고 있는 분자는 현미경을 사용해도 볼 수 없는 극히 작은 분자이다.

그래서 사람들은 어떤 도구를 사용해도 좀처럼 분자는 볼 수 없을 것으로 생각하고 있을 것이다. 실제로 그것은 사실이 아니다. 어떤 도구도 없이 실제로 눈으로 볼 수 있는 분자가 있다. 그것은 작은 분자가 몇 천, 몇 만 개가 이어져 있는 거대 분자 고분자 화합물이라고 하는 것인데 단백질도 고분자 화합물 중 하나이다.

단백질의 구성 성분

단백질은 어떤 분자로 이어져 있는 것일까. 바로 단백질을 구성하고 있는 단위라고도 할 수 있는 화합물, 아미노산이다. 아미노기(NRR′)와 카복실기(COOH) 양방향의 작용기를 갖는 유기화합물을 말하는데 특히, [그림 A.2]에 나타낸 것과 같이 하나의 탄소 원자에 아미노기와 카복실기를 갖는 α-아미노산이라는 분자가 생체에 중요한 아미노산이 된다. α-아미노산의 R 부분에 여러 가지 분자 구조를 갖는 20종류의 α-아미노산이 생체에 꼭 필요한 것이다. 이 R이 H인 것은 글리신이다.

[그림 A. 2] α-아미노산과 글리신

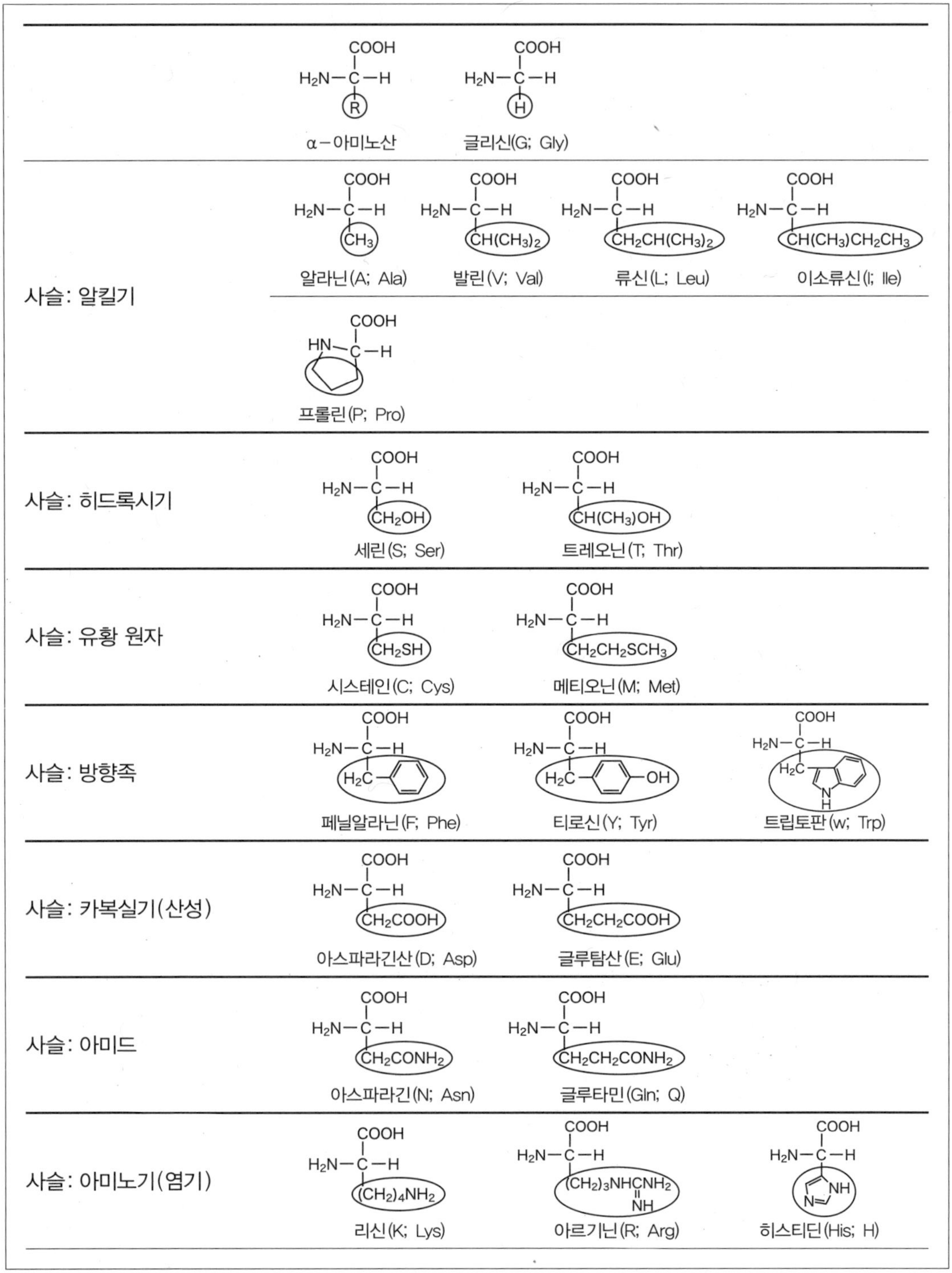

분류	아미노산
	α-아미노산 (R), 글리신(G; Gly) (H)
사슬: 알킬기	알라닌(A; Ala) CH₃, 발린(V; Val) CH(CH₃)₂, 류신(L; Leu) CH₂CH(CH₃)₂, 이소류신(I; Ile) CH(CH₃)CH₂CH₃ 프롤린(P; Pro)
사슬: 히드록시기	세린(S; Ser) CH₂OH, 트레오닌(T; Thr) CH(CH₃)OH
사슬: 유황 원자	시스테인(C; Cys) CH₂SH, 메티오닌(M; Met) CH₂CH₂SCH₃
사슬: 방향족	페닐알라닌(F; Phe), 티로신(Y; Tyr), 트립토판(W; Trp)
사슬: 카복실기(산성)	아스파라긴산(D; Asp) CH₂COOH, 글루탐산(E; Glu) CH₂CH₂COOH
사슬: 아미드	아스파라긴(N; Asn) CH₂CONH₂, 글루타민(Gln; Q) CH₂CH₂CONH₂
사슬: 아미노기(염기)	리신(K; Lys) (CH₂)₄NH₂, 아르기닌(R; Arg) (CH₂)₃NHCNH₂(=NH), 히스티딘(His; H)

[그림 4.3] 단백질을 구성하고 있는 α-아미노산

[그림 A.3]에 글리신을 포함한 20종류의 아미노산을 예로 들었다. 이 아미노산이 다수 결합하여 단백질이 만들어진다. [그림 A.3]에 각 아미노산 이름의 괄호 안에 있는 G나 Gly는 그 약호가 정해져 있으며, 단백질은 이 20종류의 α-아미노산이 여러 개로 만들어진 거대 분자이다. 그 분자의 구조를 나타내는 데 하나하나의 분자식을 쓰기에는 불편하므로 이처럼 괄호를 이용한다. 20종류의 α-아미노산을 바라보면 이 분자가 어떤 특징을 갖고 있는지 알 수 있는데, 그 특징이란 글리신 외에는 모두 공통된 것들이다. 글리신의 탄소 원자에는 수소 원자 2개와 아미노기 NH_2와 카복실기 COOH가 결합되어 있으며, 알라닌은 H, CH_3, NH_2, COOH로 4종류의 원자 또는 원자단이 결합되어 있다. 즉, 이 탄소 원자는 부제 탄소 비대칭 탄소 원자이다. 글리신 이외의 19종류의 α-아미노산은 모두 부제 비대칭 탄소 원자를 가지고 있다. 부제 비대칭 탄소 원자를 갖고 있다는 것은 거울과 관계가 있는 거울상 이성질체 존재하고 있다는 것이 된다. 사실 단백질을 구성하고 있는 α-아미노산은 모두 두 가지의 거울상 이성질체 중 한편의 입체 배치를 갖고 있는 아미노산(L-아미노산이라고 한다. 이 아미노산의 거울과 관계되어 있는 것은 D-아미노산이라고 한다)으로 만들어졌다. 이것은 화학물질의 생체의 역할에 있어서 중요한 부분이다.

　예를 들어 약이 되는 유기화합물 분자의 대부분은 많은 비대칭 탄소 원자를 갖는 분자 구조를 갖고 있어 거울상 이성질체가 존재하게 된다. [그림 A.4]에 그 예를 나타냈다. 2종류의 거울상 이성질체 중 (R)-탈리도마이드만 약이 되고, 또 다른 S체는 약이 되기는 커녕 오히려 독성을 나타낸다. 1960년경에 있었던 약해(藥害)※의 원인이 된 화합물이다. 그 후 독성이 있는 S체가 어느 병에 유해하다는 것을 알게 되어 현재는 약으로 사용되고 있다. 글루탐산에도 2개의 거울상 이성질체가 존재한다. 이 이성체 중 L체만 감칠맛을 내어 조미료 등에도 쓰이고 있다.

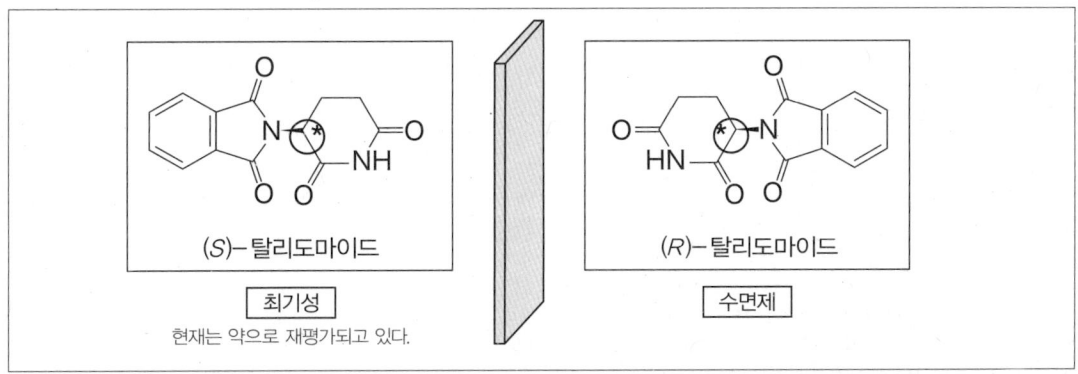

[그림 A.4] 탈리도마이드의 두 가지 거울상 이성질체(둥글게 둘러싸인 탄소 원자가 비대칭 탄소 원자)

※ 탈리도마이드 사건

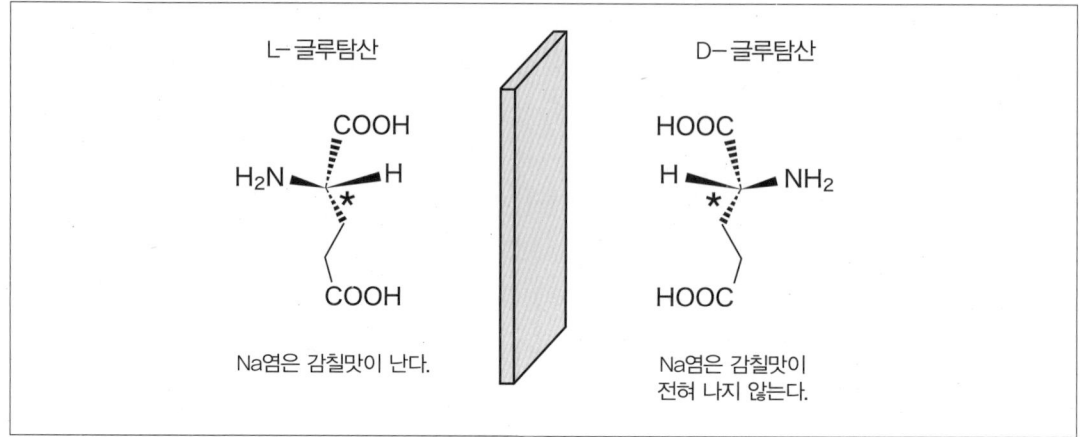

[그림 A.5] 글루탐산의 두 가지의 거울상 이성질체

쌍생 이온: α-아미노산

그럼 한 번 더 아미노산의 구조를 알아 보자. α-아미노산의 분자에는 아미노기 NH_2와 카복실기 COOH가 존재한다. 먼저 이 두 가지의 작용기는 모두 물과 친한 친수성의 작용기여서 물에 잘 녹을 수 있도록 해준다. 반대로 유기용매와 같은 유성의 물질에는 거의 녹지 않는다. 여기서 유기화합물의 산염기를 생각해주기 바란다. 아미노기는 질소 위에 비공유 전자쌍에 의해 염기의 역할을 하고, 카복실기 COOH는 H^+를 생성하는 능력이 있다. 즉, 산의 역할을 하는 것이다.

따라서 α-아미노산은 분자 중에 염기와 산의 양쪽 작용기가 있다. 이 두 가지의 작용기를 위해 수용액 중 pH에 따른 [그림 A.6]과 같은 3가지 다른 구조에 존재하고 있다. [그림 A.6]의 맨 가운데 구조의 분자는 분자 중 음이온과 양이온이 존재한다. 이와 같은 구조의 이온성 분자를 양쪽성 이온(쯔비터 이온)이라고 한다. 그럼 이 양쪽성 이온의 구조는 어떻게 생각하면 좋을까? 먼저 아미노의 분자 중 COOH에서 H^+가 방출된다(산성의 성질을 갖는 다는 것). 반면 분자 중에는 아미노기라고 하는 염기성 작용기도 존재하며, 이 아미노기가 H+를 줍는다. 그 결과 양쪽성 이온이 되는 것이다.

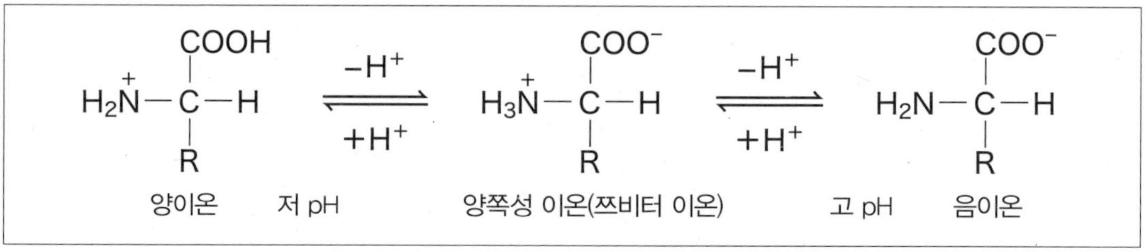

[그림 A.6] α-아미노산의 구조

α-아미노산에서 단백질까지

여기서 다시 한 번 [그림 A.3]을 살펴보자. 이 그림에서는 α-아미노산의 R(사슬라고 한다)에 의해 분류했다. 실제로 사슬이 다양한 성질의 원자단으로 되어있다는 것을 알 수 있는데 산성인 것, 염기인 것, 친수성인 것 등이다. 유기 분자를 가진 중요한 성질이 모두 이 사슬에 존재하고 있다. 이것이 단백질의 다양한 역할의 중요 요인이 되고있는 것이다.

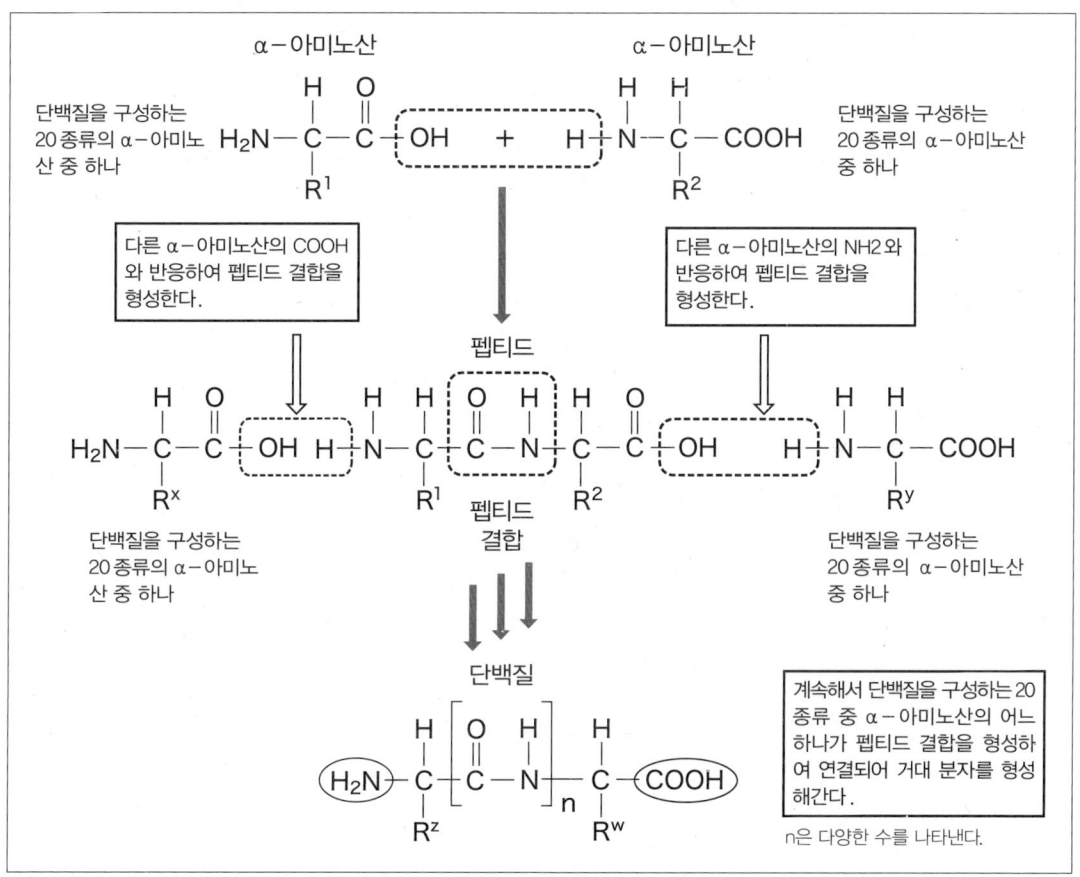

[그림 A.7] α-아미노산으로부터의 펩티드, 단백질의 생성

α-아미노산으로부터 어떻게 하여 단백질이 만들어지는 것일까. [그림 A.7]에 나타낸 것처럼 α-아미노산의 아미노기가 친핵제의 역할을 하여 $\delta+$성을 갖는 카복실기의 탄소와 반응하여 펩티드 결합을 형성한다(반응 구조에 대해 [그림 A.8] 참조). 여기서 R^1, R^2는 다른 α-아미노산의 사슬을 나타낸다(R_1, R_2라고 쓰면 R이 1개, R이 2개 있다는 의미가 되기

때문에 주의). 그런데 α-아미노산은 [그림 A.7]에 나타낸 과정을 수만 회를 반복함으로써 단백질이라고 하는 고분자가 된다. 그 결과, 펩티드 결합으로 연결된 거대 분자가 출현하게 되는데, 이때 거대 분자의 표면에 본래 α-아미노산이 사슬로 늘어서게 된다. 이 사슬은 앞에서 설명한 것처럼 다양한 성질을 갖고 있다. 다른 분자가 단백질에 가까이 가면 이 사슬의 원자단과 만나 사슬 원자단의 조합에 의해 상대 분자와 친수성, 소수성, 산, 염기 등에 의해 다양한 상호작용이 펼쳐져 가게 된다. 기본적으로는 이와 같은 구조로 생체의 다양한 작용을 만들어내는 것이다.

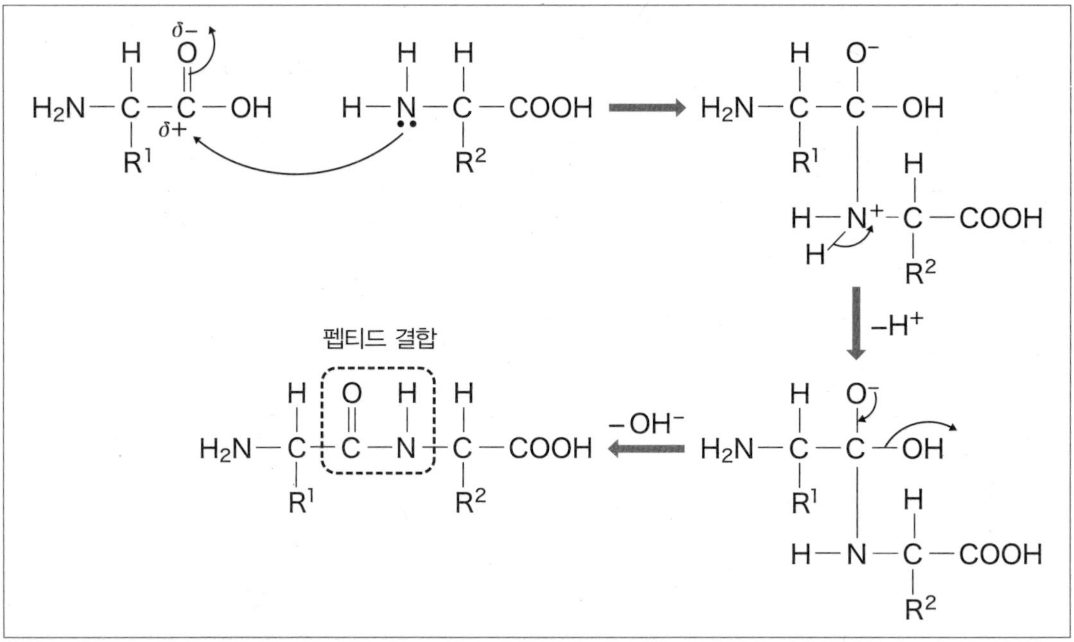

[그림 A.8] α-아미노산으로부터의 펩티드 결합 생성의 메커니즘

지방질

지방질이란 극성이 낮아 물에는 녹지 않지만, 유기 용매 등의 유성에 녹는 생체 성분을 말한다. 생체에서는 에너지 발생원으로 중요한 물질이다. 그 대표적인 것에는 지방질(유지)이 있다. 다른 탄소 5개로 되어 있는 불포화 탄화수소의 이소프렌으로 만들어진 테르펜류라고 하는 화합물군도 중요한 지질이다. 유지는 지방산과 글리세롤(글리세린, 1, 2, 3-프로판트리올)이 [그림 A.9]와 같이 에스테르화로 생성된 글리세리드는 3개의 히드록시기를 갖는 3가 알콜이다.

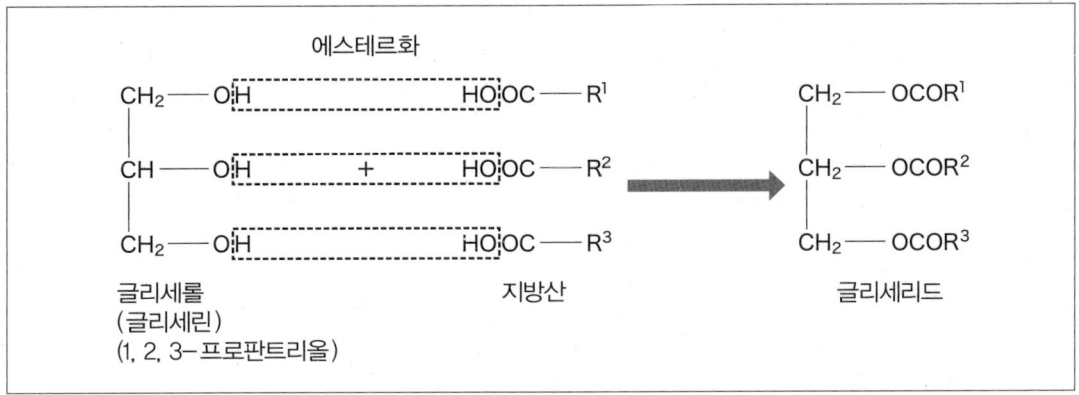

[그림 A.9] 글리세리드의 생성

이 글리세리드를 구성하고 있는 지방산이란 탄소수 12~18개의 탄소쇄를 가진 장쇄의 카복실산이다. 식생활에서 빠질 수 없는 모든 기름이라고 불리는 것들의 정체이다. 자연계에는 식물 기름이나 생선 기름 등이 존재하고 있다.

[그림 A.10]에 대표적인 예를 나타냈다.

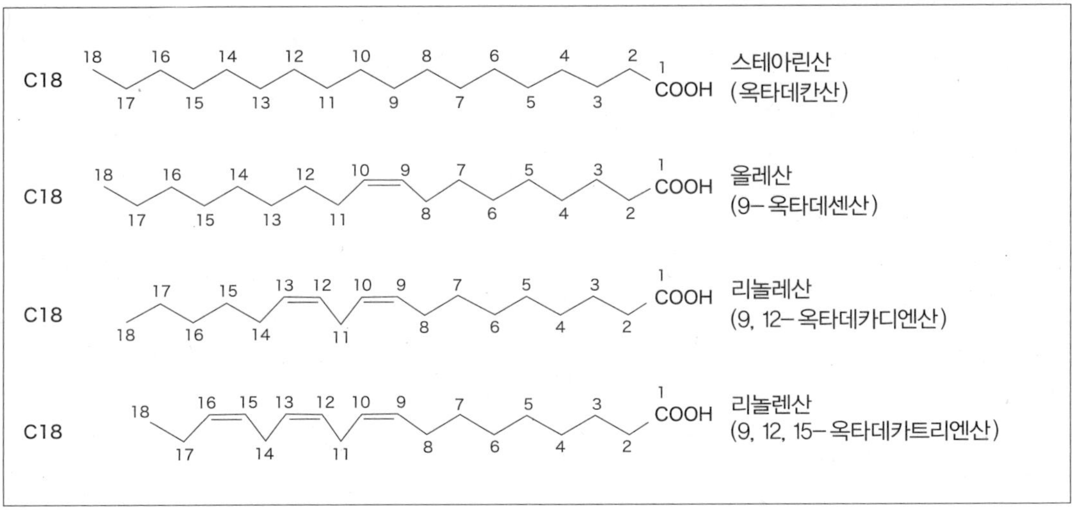

[그림 A.10] 대표적인 지방산

[그림 A.10]의 화합물은 오래 전부터 사용되어 오던 이름이 있기 때문에 그림과 같이 관용명으로 부른다. 그러나 이것들에도 IUPAC 규칙으로 붙여진 이름이 있다. 바로 괄호 안에 있는 이름이다. 예를 들면 스테아린산은 관용명이다. 괄호에 있는 옥타데칸산은 IUPAC 규칙으로 붙여진 이름이다. 이 이름을 짓는 방법에 대해 설명하겠다.

그림 중 스테아린산을 제외한 것들은 모두 이중결합으로 되어 있다. 이중결합이 하나인 경우에는 앞에서 설명한 것처럼 알칸이라는 이름의 어미에 칸을 켄으로 바꾸어 이름을 붙인다. 따라서 [그림 A.10]의 위에서 두 번째 화합물의 이름을 IUPAC은 옥타데센에 카복실산을 나타내는 산을 붙여 옥타데칸산이라고 이름 한다. 더불어서 이중결합이 하나이기 때문에 그 위치를 나타내는 번호 9를 붙여 9-옥타데켄산이 된다. 리놀산에는 이중결합이 2개 있기 때문에 그것을 나타내는 이름 디엔(디엔은 두 가지라는 의미)를 붙여 새롭게 2개의 이중결합의 위치를 나타내는 9, 12 를 붙여 IUPAC 명은 9, 12-옥타데센산이 된다. 리놀렌산이 되면 세 개의 이중결합이 되기 때문에 3을 의미하는 트리를 붙여 트리엔, 그리고 그 위치번호를 붙여 9, 12, 15-옥타트리엔산이 된다.

당질

당질은 탄수화물이라고 한다. [그림 A.11]과 같이 탄소의 수에 의해 분류된다. 먼저 [그림 A.11]에 나타낸 피셔 투영식이라고 하는 입체 구조를 쓰는 방식에 따라 설명한다. 왼쪽의 그림이 피셔 투영식이라는 방식으로 입체를 표현한 것이다. 그 왼쪽에 기록되어 있는 것은 지금까지 몇 번이나 등장해온 입체도를 그리는 방법이다. 이 두 가지는 같은 입체 구조를 나타내며 피셔 투영식에서는 비대칭 탄소의 좌우에 그려진 선은 [그림 A.11]의 오른쪽 실선의 쐐기 형태의 선 즉, 바로 지면에 나와 있는 선, 지면의 반대 측에 있는 결합을 의미한다. 이 방법을 이용하면 [그림 A.12]에 나타나있듯 비대칭 탄소의 수가 증가해도 그 입체를 쉽게 나타낼 수 있다. 이 표시 방법은 당질 분자 구조의 입체를 그릴 때 사용된다.

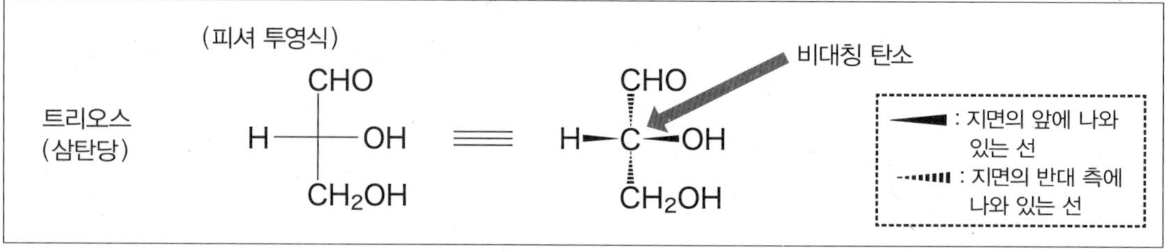

[그림 A.11] 삼탄당 D-글리세르알데히드를 이용한 피셔 투영법에 의한 입체 구조를 그리는 방법

1. 당류의 구조상 특징

[그림 A.12]를 보면 알 수 있듯이, 당이라고 하는 분자는 구조 속에 많은 히드록시기를 함유하고 있기 때문에 특히 물에 잘 녹는다. 분자 골격을 형성하고 있는 탄소의 수에 의해 예로든 그림과 같이 분류되어 있다. 자연계에서는 탄소수 5개와 6개의 펜토스와 헥소스가

가장 많이 존재한다. 그림에 나타낸 당을 단당이라고 하며 이 단당류 두 개가 결합한 것을 이당류라고 한다. 당은 분자 속에 많은 부재탄소가 있기 때문에 실제로 많은 이성체가 존재하고 있다.

더욱이 단당류에는 [그림 A.13]과 같은 구조상의 특징이 존재한다. 용액 중 당은 이 3종류의 구조를 갖는 분자의 평형 혼합물로서 존재한다. 통상적으로 사슬형 구조보다 고리형 구조로 존재하고 있는 비율이 높다. 고리형 구조는 사이클로헥사인형의 의자형 형태와 같은 형태로 존재하며, 사슬 구조에서 고리가 닫힐 때도 [그림 A.13]과 같은 두 개의 폐환(고리 닫힘) 방향이 존재하기 때문에 생성되는 화합물의 OH(히드록시기)의 방향이 달라진다. 이 차이에 의해 발생한 두 가지 이성질체를 각각 α와 β로 구별하고 있다.

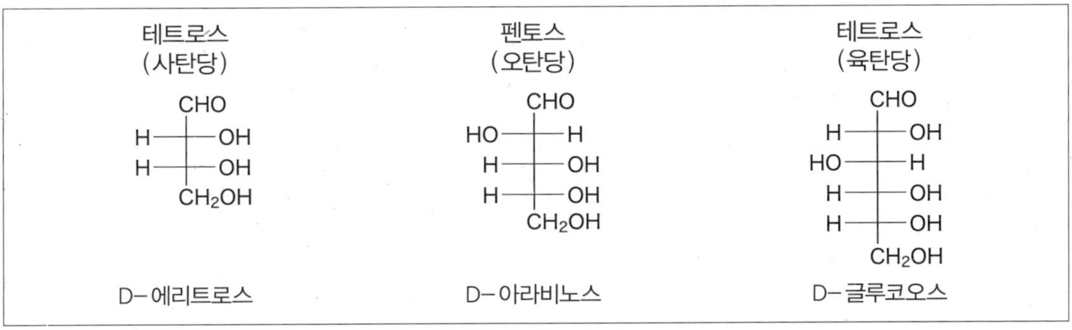

[그림 A.12] 단당의 예

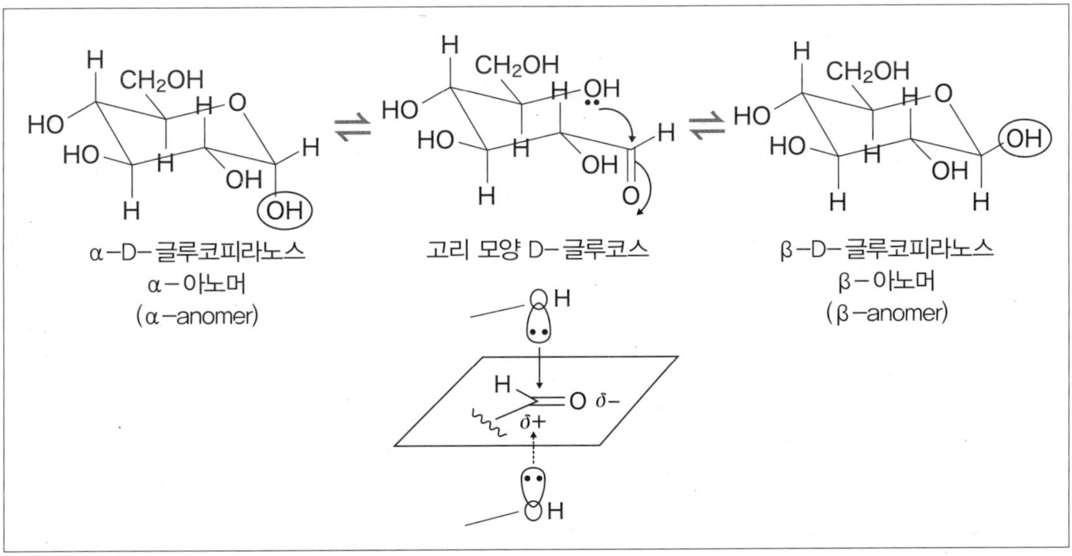

[그림 A.13] D-글루코스의 구조

2. 당류의 거대 분자

자연계에는 단당류로 존재하고 있는 것은 없으며, 단당류끼리 탈수 축합하여 몇 가지로 연결되어 있는 거대 분자(다당류라고 한다)를 형성하고 있다. 예를 들어 그림 A.14와 같이 셀룰로스는 단당인-글루코스가 이어진 고분자 화합물이다. 천연 상태로 존재하는 다당류는 효소 등의 역할에 의해 분해되어 생체의 구조 유지나 기능에 사용되고 있다. 더불어 보통 설탕이라고 불리는 물질의 주성분은 [그림 A.14]의 상단 수크로스라고 불리는 화합물로 2종류의 다른 단당류가 탈수축합된 이당류이다. 이 예로 알 수 있듯이 단당류 속에는 6원환(피라노스) 이외에 5원환(푸라노스)도 존재한다.

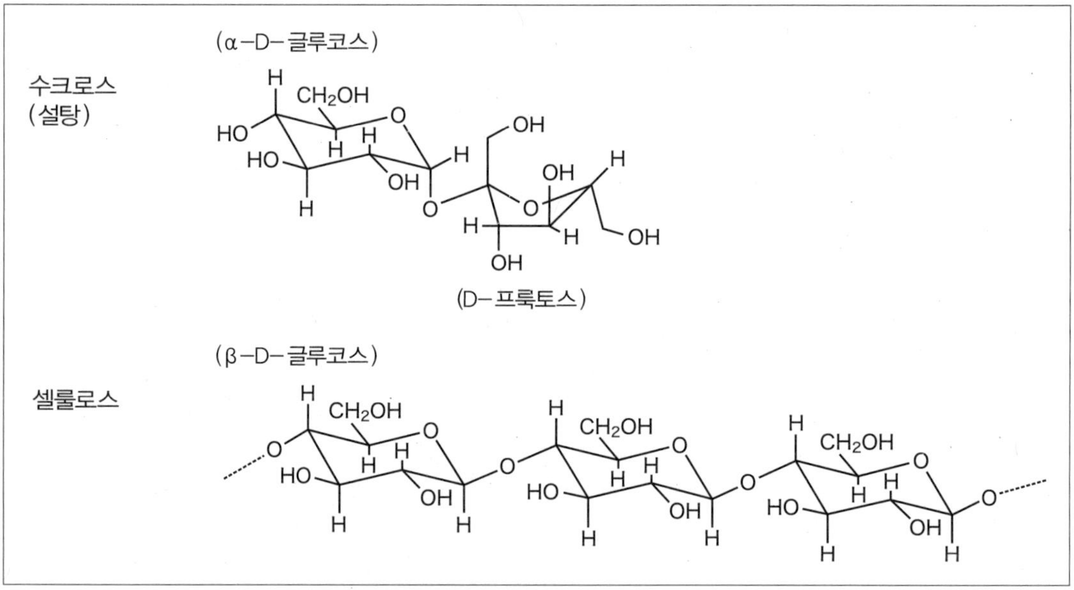

[그림 A.14] 이당류 수크로스 및 다당류 셀룰로스의 구조

⬢ 합성 고분자 화합물(폴리머)

단백질 등 천연 상태로 존재하는 고분자 화합물은 플라스틱, 화학섬유와 같은 인공적인 작은 분자로부터 거대 분자가 만들어진다. 천연고분자 화합물을 합성 고분자 화합물(폴리머)이라고 한다. [그림 A.15]에 그 예를 나타냈다. 고분자 화합물을 구성하고 있는 본래의 분자를 단량체(모노머)라고 하며, 이 단량체가 화학 반응으로 2분자, 3분자로 순차 결합하여 최종적으로 다수의 단당체가 결합한 거대 분자가 된다. 이 반응 과정의 상세한 내용은 생략하지만, 이때 단량체에서 합성 고분자 화합물이 생성하는 반응을 결합 반응이라고 한다. 예를 들면 에틸렌이나 스틸렌이 2분자, 3분자로 순차 결합하여 그 결과 에틸렌이나 스틸렌의 분자로 다수 이어진 거대 분자인 폴리에틸렌이나 폴리스틸렌의 고분자 화합물이 합성된다.

'폴리'란 '많이'라는 의미이다. 이 합성 고분자 화합물은 마트에서 사용하는 봉투나 트레이, 등유의 용기 등 다양한 용도로 사용되고 있다. 비닐에틸렌은 상온 상압에서는 기체이며, 스틸렌은 액체이다. 그것이 이어지면서 필름이 되는 등의 역할을 하는 분자의 힘의 굉장함을 느끼지 않을 수 없다. 이외에도 다양한 기능을 갖는 폴리머가 만들어져 우리들의 생활에 도움을 주고 있다.

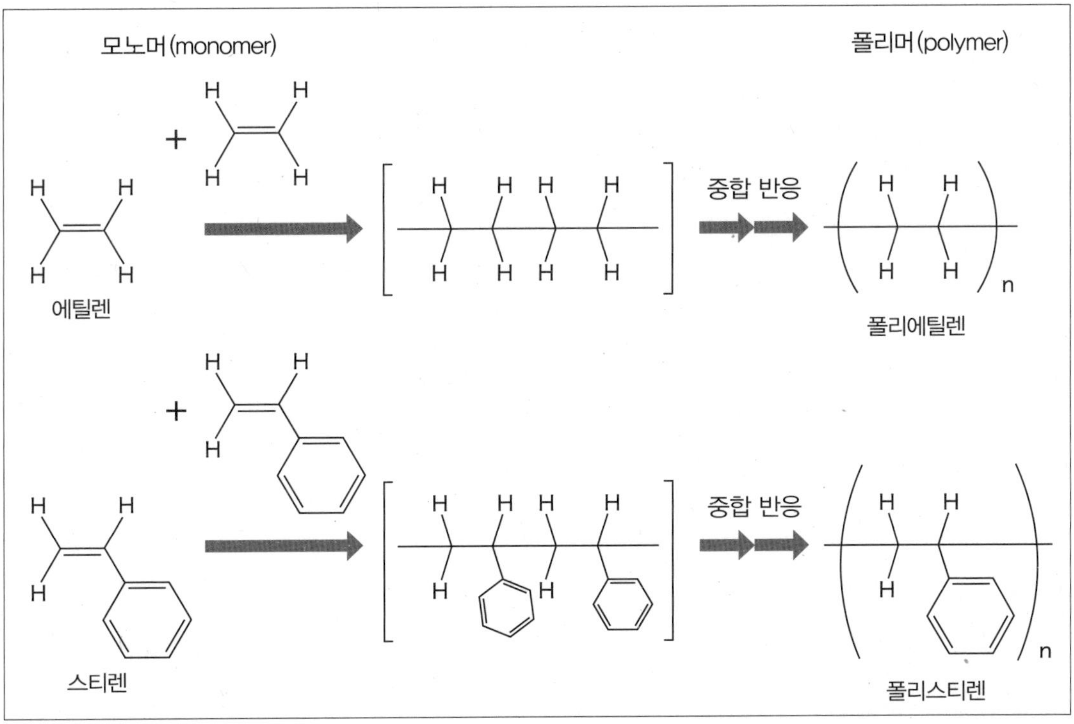

[그림 A.15] 모노머·폴리머의 예

참고문헌

- 『새로운 기초 유기화학』, 코우하라 마코토 외, 산쿄출판, 2009
  (『新しい基礎有機化学』, 合原眞 他, 三共出版, 2009)

- 『첫 유기화학』, 오츠키 죠, 도쿄화학동인, 2012
  (『はじめての有機化学』, 大月譲, 東京化学同人, 2012)

- 『유기 반응의 메카니즘』, 카토 아키라, 산쿄출판, 2004
  (『有機反応のメカニズム』, 加藤明良, 三共出版, 2004)

- 『곤란했을 때의 유기화학』, D.R. 클라인, 다케우치 요시토, 화학동인, 2009
  (『困ったときの有機化学』, D.R. クライン, 竹内敬人, 化学同人, 2009)

- 『21세기의 화학 시리즈 ① 기초 유기화학』, 코바야시 게이지, 아사쿠라서점, 2006
  (『21世紀の化学シリーズ① 基礎有機化学』, 小林啓二, 朝倉書店, 2006)

- 『알겠다×알았다! 유기화학』, 사이토 카츠히로 외, 옴사, 2009
  (『わかる×わかった! 有機化学』, 齋藤勝裕 他, オーム社, 2009)

- 『일상에서 본 화학의 기초』, 시바하라 히로야스 외, 화학동인, 2009
  (『身の回りから見た化学の基礎』, 芝原寛泰 他, 化学同人, 2009)

- 『뉴...테크◎화학 시리즈 유기화학』, 다케나카 카츠히코 외, 아사쿠라서점, 2000
  (『ニュ…ーテック◎ 化学シリーズ 有機化学』, 竹中克彦 他, 朝倉書店, 2000)

- 『제2판 맥머리 – 생물유기화학 유기화학편』, 맥머리 외, 스가와라 후미오 감역, 마루젠, 2007
  (『第2版 マクマリー生物有機化学 有機化学編』, マクマリー 他, 菅原二三男 監訳, 丸善, 2007)

- 『이과 교육력을 높이는 기초 화학』, 하세가와 마사루 외, 상화방, 2011
  (『理科教育力を高める 基礎化学』, 長谷川正 他, 裳華房, 2011)

- 『탄소 화합물의 세계종합유기화학 입문』, 후나바시 마스오 외, 도쿄교학사, 1994
  (『炭素化合物の世界総合有機化学入門』, 舟橋弥益男 他, 東京教学社, 1994)

- 『베이직 유기화학 제2판』, 야마구치 료헤이 외, 화학동인, 2010
  (『ベーシック有機化学 第2版』, 山口良平 他, 化学同人, 2010)

찾아보기

【숫자·영문】

1단계 반응 ·· 159
2단계 반응 ·· 159
2p궤도 ·· 38, 39
2s궤도 ·· 38, 39
a–아미노산 ································ 184, 185
Cis(시스) ·· 74
D–아미노산 ······································ 187
E, Z 명명법 ······································· 86
IUPAC 명명법 ··································· 49
K껍질 ································ 22, 34, 36, 37
L껍질 ································ 22, 34, 36, 38
L–아미노산 ······································ 187
M각 ·· 22, 34, 36
p궤도 ·· 35, 38, 60
sp³ 혼성궤도 ································ 38, 39
s궤도 ··· 35
Trans(트랜스) ···································· 74
π(파이)결합 ································ 59, 144
σ(시그마)결합 ································· 144

【ㄱ】

가려진 형 ·· 190
가지형 알케인 ···································· 69
거울상 이성질체 ························ 77, 161
고리 구조 ·· 72
고슈형 ··· 91
공액 ·· 60
공명 구조(한계 구조식) ···················· 60
공명혼성 ···································· 160, 169
공액 ·· 60
공액산 ··· 124
공액 염기 ····································· 124
공유결합 ································ 24, 25, 38
광학 이성질체 ···························· 80, 89
구조 이성질체 ································· 67
궤도 ··· 34
극성 ·· 110
극성 분자 ···································· 108
글리세리드 ···································· 190
글리세린, 1, 2, 3 프로판트리올 ······· 190

【ㄴ~ㄷ】

글리신 ··· 185
기질 ·· 147, 162
기하 이성질체 ····················· 75, 76, 161

뉴먼 투영식 ······································· 90
단당 ··· 192
단당류 ·· 184
단량체(모노머) ······························· 195
단백질 ·· 184
단일결합 ······························ 30, 38, 57, 60
당질(탄수화물) ······························· 184
라세미체 ······································· 165
루이스 구조식 ····························· 26, 27
루이스의 산·염기 ·························· 118
메타배향성 ···································· 173
메테인 ·· 172
무극성 분자 ··································· 108
물질량 ·· 122

【ㅂ】

반데르발스 반지름 ························· 114
반데르발스 힘 ······························· 109
반응기구 ······································· 148
반전 ·· 165
방향족구 전자치환 반응 ················· 170
방향족 화합물 ······························· 119
배좌 이성질체 ······························· 161
배향성 ·· 172
배형 ··· 93
벤젠 ·· 170
보어 모형 ······································· 32
분극효과 ······································· 162
분자간 상호작용 ··························· 106
분자간 상호작용 분극 ···················· 105
분자간 힘 ······································ 106
불활성가스 ································ 22, 34
브뢴스테드–로리 ··························· 118
브로모늄이온 중간체 ····················· 161
비공유 전자대 ··························· 28, 29
비등점 ·· 107

비활성기체 ······································· 34

【ㅅ】

사각고리 구조 ·································· 72
사슬 ·· 186, 190
사이클로헥사트리엔 ······················· 119
사이클로헥세인 ·························· 19, 92
산과 염기 ······································· 117
산해리 정수 ·································· 125
산화 반응 ····································· 135
삼각고리 구조 ································· 72
수소결합 ····································· 115
순위 규칙 ·· 86
스핀(전자스핀) ······························· 36
시성식 ··· 85
시스트랜스 이성질체 ······················ 75
시약 ··· 147
신형 ··· 91
실험식 ·· 85
쐐기 표기법 ···································· 88
양쪽성 이온(쯔비터 이온) ·············· 188

【ㅇ】

아레니우스 산·염기 ························· 118
아미노기 ··· 46
아미노산 ······································· 185
아세트산 ······································· 129
아세트산 이온 ·················· 124, 125, 126
안티 제거 ····································· 168
알케인 ··· 71
앤티형 ·· 91
양이온 ·· 149
양자 ·· 21, 32
엇갈린 형 ······································· 90
에놀 구조 ······································ 129
에테르 결합 ···································· 46
오비탈(궤도) ······················· 34, 35, 36
오쏘체 ·· 172
올레산 ·· 102
원자가전자 ····································· 26
원자단 ··· 44

원자번호 · 23	제2차 · 149	【ㅌ~ㅍ】
원자핵 · 21, 32	제3차 · 149	탄화수소기 · · · · · · · · · · · · · · · · · 45, 46
위치 선택성 · · · · · · · · · · · · · · · · · · 168	제거 반응 · · · · · · · · · · · · · · · · · 135, 166	테르펜류 · 190
유기 효과 · · · · · · · · · · · · · · · · · · · 162	주기율표 · · · · · · · · · · · · 23, 33, 34, 37	파라체 · 172
유지 · 190	중간체 · 149	파울리의 배타원리 · · · · · · · · · · · · · 36
융해점 · 107	중성자 · 21, 32	펜토오스 · 192
의자형 · 93	지방산 · · · · · · · · · · · · · · · · · · · 184, 190	펩티드 결합 · · · · · · · · · · · · · · · · · · 189
이분자 친핵치환 반응(S_N2) · · · 163		편광면 · 80
이분자 제거(E2) · · · · · · · · · · · · · · 166	【ㅊ】	평형계 · 122
이성질체 · 65	천연 고분자 화합물 · · · · · · · · · · · · 195	평형 상태 · 122
이소프렌 · 190	첨가 반응 · 135	폐각 구조 · 22
이온 · 21	촉매 · 160	포르밀기 · 46
이온결합 · 25	최외각 전자 · · · · · · · · · · · · · · · · · · · 26	폴리스틸렌 · · · · · · · · · · · · · · · · · · · 195
이중결합 · · · · · · · · · · · · 57, 59, 60, 71	치환 벤젠화합물 · · · · · · · · · · · · · · 172	폴리에틸렌 · · · · · · · · · · · · · · · · · · · 195
일분자 친핵치환 반응(SN1) · · · · · 163	치환 반응 · · · · · · · · · · · · · · · · 135, 162	폴링 · 110
일분자 제거(E1) · · · · · · · · · · · · · · · 166	친수성 · 101	피셔 투영식 · · · · · · · · · · · · · · · · · · 192
입체 배좌 · 90	친유성 · 102	
입체 이성질체 · · · · · · · · · · · · · 73, 161	친전자 시약 · · · · · · · · · · · · · · 147, 162	【ㅎ】
	친전자제 · 162	하이드로늄 이온 · · · · · · · · · · · · · · 118
【ㅈ】	친핵 공격 · 162	하이드록시기 · · · · · · · · · · · · · · 45, 46
작용기 · · · · · · · · · · · · · · 42, 44, 45, 55	친핵 시약 · 162	합성 고분자 화합물(폴리머) · · · 195
전기음성도 · · · · · · · · · · · · · · · · · · · 110	친핵성 치환 반응 · · · · · · · · · · · · · · 162	헥사트리엔 · · · · · · · · · · · · · · · · · · · 119
전이 상태 · · · · · · · · · · · · · · · · 158, 164	친핵제 · 162	헥세인 · 19
전자 · 21		헥소스 · 192
전자각 · 22, 26	【ㅋ】	화학 결합 · · · · · · · · · · · · · · · · · · 17, 37
전자 공여성 · · · · · · · · · · · · · · · · · · 172	카보닐기 · 46	환원 반응 · 135
전자구름 · · · · · · · · · · · · · · · · · · · 21, 33	카보 양이온 중간체 · · · · · · · · · · · · 160	활성화 에너지 · · · · · · · · · · · · · · · · 158
전자 배치 · · · · · · · · · · · · · · · · · · · 34, 37	카복실기 · 46	훈트의 규칙 · · · · · · · · · · · · · · · · · · · 36
전자 흡인성 · · · · · · · · · · · · · · · · · · 172	케톤 구조 · 129	희유 기체 · 34
정전기적 인력 · · · · · · · · · · · · · · · · 108	케토에놀 호변이성 · · · · · · · · · 129, 130	
제1차 · 149	쿨롱의 힘 · 108	

저자 약력

하세가와 토시오(長谷川 登志夫)

1957년 도쿄 출생.
사이타마대학교 이학부 화학과 졸업.
도쿄대학교 대학원 이학계 연구과 유기화학 전공 수료(이학박사).
현재 사이타마대학교 대학원 이공학 연구과 준교수.
향료 유기화학이 전문이며, 각종 식물 유래의 향기 소재에 대해 유기화학적인 관점에서 연구를 진행 중에 있음.
사이타마대학교 이학부 기초화학과 저자 연구실: http://www.hase-lab-fragrance.org/

● **만화 제작 주식회사 트렌드 프로/북스플러스**

만화나 일러스트를 사용한 각종 트루의 기획 제작을 하는 1988년 창업한 프로덕션. 북스플러스는 일본 최대의 실적을 자랑하는 주식회사 트렌드 프로 제작 노하우를 서적 제작에 특화시킨 서비스 브랜드로 기획 편집 제작을 토탈로 행하는 업계 굴지의 프로페셔널 팀이다.
http://www.books-plus.jp
도쿄도 미나토구 신바시 2-12-5 이케덴빌딩 3F
TEL : 03-3519-6769 FAX : 03-3519-6110

- ● 시나리오   아오키 다케오(靑木 健生)·오오타케 야스시(大竹 康師)
- ● 작화   마키노 히로유키(牧野 博幸)
- ● DTP   이시다 츠요시(石田 毅)

만화로 쉽게 배우는 기초과학 시리즈!
기초과학 실력을 단단하고 깊이 있게 다져드립니다!

만화로 쉽게 배우는
생화학

신비한 생명 현상을 화학적 방법으로 규명하는 생화학은 서로 다른 분야에 걸쳐 있는 생화학적 지식의 총집합이라 할 수 있으며, 인체와 생명 현상을 조금이라도 다루는 분야에서 활동하고자 하는 모든 이들이 반드시 배워야만 하는 학문이다.

다케무라 마사하루 저 | 오현선 감역 | 김성훈 역
182 × 235 | 272쪽 | 17,000원

만화로 쉽게 배우는
분자생물학

눈에 보이지 않는 미세한 생물의 세계를 이해하기 위한 깊이 있고 폭넓은 학문인 분자생물학! 의학, 농학, 공학 등 응용과학 분야와 물리학, 화학, 지구과학, 생물학 등의 기초과학 분야는 물론 우리 실생활과도 밀접한 관련이 있다. 이 책은 분자생물학이 무엇인지, 세포가 무엇인지 하나하나 쉽게 이해할 수 있도록 만화를 접목시켜 설명하였다.

다케무라 마사하루 저 | 조현수 감역 | 박인용 역
182 × 235 | 244쪽 | 17,000원

만화로 쉽게 배우는
면역학

우리 몸을 지키는 기본 구조, 면역학을 쉽고 명확하게 풀어낸 면역학 기본서인 이 책은 기초의학, 생물학 중 많은 이들이 어렵게 느끼는 면역학에 대한 기초 지식과 함께 관련 분야 최신 정보를 담아낸 면역학 기본서이다. 면역학에 대한 개념과 기본 구조를 이해하기 쉽게 구성하였으며, 만화를 최대한 활용하여 새로운 개념이나 정보도 충분히 담아냈다.

가와모토 히로시 저 | 임웅 감역 | 김선숙 역
182 × 235 | 272쪽 | 17,000원

만화로 쉽게 배우는
영양학

영양학의 기초를 체계적으로 이해하고, 응용할 수 있도록 영양소의 의의와 각각의 대사를 정확히 파악하여 영양학을 이해하고 영양학의 이해를 통해 무기·유기화학, 생화학 분야의 기초를 다질 수 있도록 한 도서이다.

소노다 마사루 저 | 신미성 역
182 × 235 | 212쪽 | 17,000원

만화로 쉽게 배우는
기초생리학

인체의 구조는 매우 복잡해 보이지만 과학적으로 꼼꼼히 관찰하면 실은 매우 단순하고 논리정연하므로 정확한 시선으로 올바르게 이해하면 간단하고 재미있게 배울 수 있다. 인체의 구조를 설명하는 생리학은 다소 어렵지만 이 책은 만화로 기초생리학을 쉽게 공부할 수 있어 '기초생리학을 배우지 않은 사람'과 '기초생리학이 싫어진 사람'들에게 추천한다.

다나카 에츠로 저 | 김소라 역
182 × 235 | 232쪽 | 17,000원

만화로 쉽게 배우는
보건통계학 [제2판]

보건통계학은 보건 관련 연구 및 실제 업무와 매우 밀접한 분야 중 하나로 한번 익혀 두면 보건 관련 자료를 합리적이고 체계적으로 수집할 수 있으며 분석은 물론 관련 업무의 효율성 개선과 환자들에 대한 서비스 향상에 유용하다. 이 책은 초심자들의 이해를 돕기 위해 카이제곱검정을 비롯한 보건통계학의 중요 사항에 대해서 친절하게 설명한다.

다큐 히로시, 코지마 다카야 저 | 이정렬 감역 | 홍희정 역
182 × 235 | 272쪽 | 17,000원

쇼핑몰 QR코드 ▶ 다양한 전문 서적을 빠르고 신속하게 만나실 수 있습니다.
경기도 파주시 문발로 112번지 파주 출판 문화도시 TEL. 031)950-6300 FAX. 031)955-0510

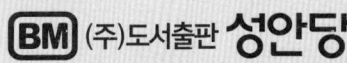

만화로 쉽게 배우는 유기화학

원제 : マンガでわかる 有機化学

2015. 3. 20. 1판 1쇄 발행
2017. 4. 7. 1판 2쇄 발행
2018. 9. 21. 1판 3쇄 발행
2020. 3. 5. 1판 4쇄 발행
2024. 4. 3. 1판 5쇄 발행

저자 | 하세가와 토시오
그림 | 마키노 히로유키
감역 | 조민진
역자 | 신미성
제작 | TREND-PRO
펴낸이 | 이종춘
펴낸곳 | BM ㈜도서출판 성안당

주소 | 04032 서울시 마포구 양화로 127 첨단빌딩 3층(출판기획 R&D 센터)
      | 10881 경기도 파주시 문발로 112 파주 출판 문화도시(제작 및 물류)
전화 | 02) 3142-0036
     | 031) 950-6300
팩스 | 031) 955-0510
등록 | 1973. 2. 1. 제406-2005-000046호
출판사 홈페이지 | www.cyber.co.kr
ISBN | 978-89-315-8297-0 (17570)
정가 | 18,000원

이 책을 만든 사람들

책임 | 최옥현
교정·교열 | 조혜란
전산편집 | 김인환
표지 디자인 | 박원석
홍보 | 김계향, 유미나, 정단비, 김주승
국제부 | 이선민, 조혜란
마케팅 | 구본철, 차정욱, 오영일, 나진호, 강호묵
마케팅 지원 | 장상범
제작 | 김유석

이 책은 Ohmsha와 BM ㈜도서출판 성안당의 저작권 협약에 의해 공동 출판된 서적으로, BM ㈜도서출판 성안당 발행인의 서면 동의 없이는 이 책의 어느 부분도 재제본하거나 재생 시스템을 사용한 복제, 보관, 전기적·기계적 복사, DTP의 도움, 녹음 또는 향후 개발될 어떠한 복제 매체를 통해서도 전용할 수 없습니다.

■ 도서 A/S 안내

성안당에서 발행하는 모든 도서는 저자와 출판사, 그리고 독자가 함께 만들어 나갑니다.
좋은 책을 펴내기 위해 많은 노력을 기울이고 있습니다. 혹시라도 내용상의 오류나 오탈자 등이 발견되면 **"좋은 책은 나라의 보배"**로서 우리 모두가 함께 만들어 간다는 마음으로 연락주시기 바랍니다. 수정 보완하여 더 나은 책이 되도록 최선을 다하겠습니다.
성안당은 늘 독자 여러분들의 소중한 의견을 기다리고 있습니다. 좋은 의견을 보내주시는 분께는 성안당 쇼핑몰의 포인트(3,000포인트)를 적립해 드립니다.
잘못 만들어진 책이나 부록 등이 파손된 경우에는 교환해 드립니다.